資訊科技新論

資訊科技新論

姚力堅 主編

臺灣商務印書館發行

編 者 序

在一般商業社會裏，專業人士和經理人員給我們的印象是極其忙碌的一羣，他們每天的精力都專注於其專業的層面，而對公司內部某些活動可能無暇顧及。甚至近年極受關注的資訊科技也可能跟他們沾不上邊。不少專業人士和經理人員對這些科技只是不大了了。他們拿不出時間追索最新的動向，往往也提不起興趣對這方面作進一步的研究；因此最新的資訊科技在他們面前像是披上了一層黑紗。

作為一個資訊科技專業人員，編者的責任是向其他專業人士和經理人員作出一些介紹及交流，以系統的方式引領他們從一個"外行人"逐步進而以"內行人"的角度去觀察及管理資訊科技。為了達到這個目標，編者在本書內收錄了很多"內行"的科技專業人員的文章，這些文章是他們以其經驗為基礎寫出，同時帶領讀者從商業角度去了解資訊科技的使用。

本書名為《**資訊科技新論**》，是因為這是從一個嶄新的角度去討論資訊科技。在本書中，讀者找不到長篇的基本理論介紹，亦不會看到一般書中常遇到的重複的詞語解釋。有的只是極具說服力的"內行人"對專業及管理人員就最新資訊科技的應用進行討論。本書不但可以供大專學生作為資訊科技參考書，同時也是一本在**管理學**和**組織行為學**方面極具參考價值的著作，故此也非常適合**專業**和**經理人員**選用。

姚力堅博士

目　錄

I
資訊科技透視

1

科技巨輪

陳孟騰・香港城市理工學院電腦科學系

1

科技巨輪

1.1　前言

　　回顧過去五十多年各種科技發展迅速，但論深入日常生活，影響遍及各行各業的則首推資訊科技。資訊科技所涵蓋的理論和技術都很廣闊，由硬件、軟件開發技術，數據通訊以至用戶介面等，無所不包。在每一範圍內其發展的速度都是極之快速；現今資訊科技產品的生命週期經已變成以三個月為計算單位，而資訊科技的主角——電腦，以半個世紀的時間，從一個體積大於一所房子的龐然大物進化成可以作掌上舞的微形電腦，從差不多由大型供應商壟斷的專業發展成百花齊放、競爭激烈、產品普及化的服務行業。這些轉變無論對硬件供應商、軟件開發者和用戶都會產生深遠的影響。這一章以觀察資訊科技巨輪運轉的角度去追溯這五十年的演變，從而介紹有關的詞彙和基本概念。希望資訊科技從業員和有興趣的讀者能在這些轉變之中作出適應與前瞻。

　　綜觀電腦發展以來的五十年，可概括地劃分成四個階段：

1.　第一代：真空管與電路插版（1945–1955）

　　這時期的電腦是龐然大物，是以數以千計的真空管連成的計算機，但其功能恐怕亦抵不上今日一部廉價的個人電腦。控制這些電腦的程式是一些以電線互相連繫的電路插版。如要使用電腦工作便需要插入這些電路版。程序語言、作業系統等都全未建立，而應用範圍亦全部是數字運算。

2. 第二代：晶體管與成批系統（1955-1965）

晶體管於 50 年代中期面世，使電腦變得可靠及可以作長時期運作。供應商亦開始生產並售賣給一些大型企業和政府機構。應用方面亦由單純的數字計算轉變為數據處理。電腦程式語言（例如匯編語言，FORTRAN 和 COBOL 等）相繼出現。由於這些電腦價格非常高昂，為了物盡其用，作業系統開始被廣泛採用。作業系統是一個控制電腦本身運作的程序，提供輸入輸出控制和多程式同時運行的功能。程序員通常都以程序語言編寫程序並以打孔機將這些程序打在一些卡紙上交給電腦操作員，操作員集合了足夠數量的卡紙後便以成批的方式輸入電腦，由作業系統控制各程序的運行。所有運算結果，以打印方式輸出並集中成批派回各程序員。

3. 第三代：集成電路與分時系統（1965-1980）

第二代電腦的弱點是各機種都互不兼容，一個軟件只可運行於某一機種的某種型號。萬國商用機器（IBM）於這時首次推出了以系列形式為概念的 S/360 系統。360 其實是一整系列軟件兼容的電腦，以不同速度的中央處理器、主記憶體容量以及不同數目的輸入輸出設備組合成不同功能的型號，再以不同價格銷售來配合市場的需求。不同型號的 S/360 完全採用同一架構和指令集，所以在某一型號開發的軟件可以運行於其他型號。這在當時來說是一項突破。S/360 系統是首個使用小型集成電路的系列。其他供應商如國際電腦有限公司（ICL）和 UNIVAC 等都相繼採用同一概念競爭，電腦的應用雖然仍是局限於較大的公司和機構，但亦已推廣至各行各業。在電腦硬件快速發展的同時，軟件方面亦作出了相應的進化。作業系統變得更加精密和有效率，在多程序同時運作之上再加上多任務（multi-task）運作。電腦運算的結果除了可以打印機輸出之外更可即時顯示於終端機的屏幕之上（早期是使用電傳打字機的）。各用戶及程序員可以同時以終端機直接使用電腦系統而無需再倚賴操作員的成批運作，分時系統（time-sharing system）亦宣告誕生。

第三代電腦的特點是各供應商無論是硬件或軟件都互不兼容，供應商各自研究及開發更快更大型的電腦，而使用這些電腦均需要極專門的知識和技術。

4.　第四代：極大型集成電路，微型個人電腦（1980–1990）

從第三代轉化成第四代電腦是在很短的時間內作出多方面的變化，無論是硬件及軟件技術的發展都令人目不暇給。發展的方向主要有三方面：製造運算速度更快更大型的超級電腦（例如 CRAY）；發展網絡技術聯繫同型號或不同型號的各種電腦並走向於分佈式系統運作；利用大型集成電路和芯片技術製造高效能的工作站及微型電腦（例如 Sun Sparc 和 Intel 486）以應用於電腦輔助設計（CAD）及辦公室自動化（OA）。工作站及微型電腦（又可統稱為桌面電腦）標誌着計算力量的解放，以往第三代電腦的所謂主機（mainframe）已經可以被個人電腦所取代，一些從前需要使用主機的典型應用系統如會計、倉存等現已可以工作站或個人電腦操作，這種趨勢統稱為＂規模縮減＂（down-sizing）。

回顧以上的發展，第一及第二代電腦應已成為歷史，但第三代轉至第四代的進化則值得思考與分析。各供應商提供的各種產品將會同時使用，各種技術的銜接和綜合將會是主流。以往的單一系統、封閉式技術會備受挑戰，一種技術與其他技術的介面（interface）變得很重要，而開放式系統（open system）及標準（standards）將會廣泛地使用。以下各節將會循着這個方向，以標準的角度對各種網絡技術、介面及開放式系統作出探索和討論。

1.2　數據通訊標準化

1.2.1　概況

一家公司規模不論大小，其運作過程都會與外界接觸和交換信息。當廣泛地使用電腦之後，電腦之間的通訊便會更為普遍。這種聯繫的組合形式可以是千變萬化的；可以是簡單的終端機接駁上電腦主機（這主機可以是大型電腦主機或是一個工作站或微型電腦以多用戶形式操作），亦可以是兩台或多台電腦主機互相接駁而這些電腦可能是同一系列或是不同牌子的產品，又或者是多個地區性的電腦網絡作全球性的聯繫。為了清楚說明不同的情況和數據通訊技術常見的名詞，我們首先以類別的角度看一看電腦網絡。

1.　終端機的接駁

一部電腦主機以一線路接駁多部終端機，嚴格來說這種聯繫方法並不是網絡的一種，因為根據網絡的定義是有自主運作功能的電腦羣的相互接駁，而終端機本身並不具備運作功能。但這是最普遍和典型的第三代電腦分時系統的接駁方法。

2.　本地地區和都市地區網絡

本地地區網絡（Local Area Network，LAN）的特色是所覆蓋地區通常是比較細小的，例如在同一樓宇之內，所聯繫的電腦亦有自主運作能力，數據傳送速度快而且可靠（每秒可達數兆字節）。通常本地地區網絡是以總線（bus）形式接駁而各電腦是可以同時輸送數據往其他電腦。都市地區網絡（Metropolitan Area Network，MAN）是使用同一技術，但其覆蓋面可達整個城市（有線電視是其中一種）。

3. 廣闊地區網絡

這種網絡（即Wide Area Network，WAN）主要提供遠程接駁，主要是使用公用電話網絡以提供點至點（point-to-point）的聯繫。當在同一網絡的兩部電腦通訊時，兩者必須建立一條線路而並不是類似本地地區網絡般使用一條共用總線。

以上三種類別其實未能反映出電腦網絡的複雜性。現今任何一個較具規模的電腦用戶已經很可能同時使用三種形式的網絡。以一家使用兩部電腦的公司為例，兩部電腦分別設於兩個電腦中心而各自接駁多部終端機以提供不同部門使用，兩部電腦亦以廣闊地區網絡互相聯繫（兩個電腦中心相距可能很遠）及與海外分公司的電腦接駁，在各部門之內多部微型電腦以本地地區網絡聯繫進行文字處理等辦公室自動化的運作。為了能從公司的電腦隨時提取有關的數據，部門內的本地地區網絡又以廣闊地區網絡接上電腦中心。可能出現的更複雜情況是這公司所使用的電腦主機可能是萬國商用機器（IBM）和迪吉多（Digital）的產品而微型電腦可能是IBM兼容機加上蘋果電腦，不同部門的本地地區網絡則採用不同供應商售賣的不同產品，廣闊地區網絡的接駁可以是租用電話專線（leased circuit）、撥號線路（dial-up line）和小包互換（packet-switching）等五花八門的方法。為了使各種儀器和電腦能有效地發揮功能，它們必須知道互相溝通接駁的方法和技術，所以數據通訊的各大從業機構制訂了一系列各式各樣的標準，現時最多人認識和使用的是 OSI 的七層模式（Open System Interconnect 7-Layer Model）。這個七層模式源於IBM 的SNA架構（System Network Architecture）。任何電腦用戶互相通訊所需的工序都可歸納於七個層次之內，每一個層次代表着一種功能，而這種功能可以不同形式（或產品）實現，每層的界限和層與層之間的關係都有清楚的界定。任何數據通訊網絡如以七層模式去設計和開發則理論上可選擇不同產品而能互相配合使用。

1.2.2　OSI 七層模式與其他標準

在未開始介紹七層模式和各種標準之前，可以先看一看在數據通訊的行業裏有甚麼知名的組織和機構在標準制訂方面起着甚麼作用。通訊方面的主要機構是一些電話電訊公司，每一地方的電話公司在運作方面都有所不同：一些是獨家專利經營（例如香港），一些則與多家公司同時競爭（例如美國）。這些公司主要提供公眾電話及網絡服務，並受着當地法例不同程度的監管，他們通常被稱為 " 公用載波者 " （common carrier）。為確保不同國家之間可以作數據或電話通訊，聯合國屬下的一個組織負起了統籌和聯繫的責任，它便是 CCITT（名稱簡稱來自法文全名 Comité Consultatif International de Télégraphique et Téléphonique）。CCITT 的主要工作是在電話、電訊與數據通訊互相接駁介面方面提供技術建議，這些建議通常都會被其他標準組織接受並成為標準。CCITT 的會員包括了各地的政府郵電部門，大型電話公司（例如美國電話和電報公司 AT&T ）及其他科學及工業組織。

在標準方面，ISO（International Standards Organization）則集合了89個國家的標準組織（例如美國 ANSI，英國BSI 和

德國的 DIN 等）負責編制各式各樣的標準，由螺絲釘以至電腦等，供給各行各業使用。另外一個極具影響力的組織是 " 電力及電子工程師學會 " （IEEE——Institute of Electrical and Electronic Engineers ），除了出版大量論文和舉辦學術研討會外，這學會屬下有一標準小組制訂有關電子及計算方面的標準，例如著名的 IEEE 802 本地地區網絡標準。

回頭再說 OSI 七層模式，這模式是 ISO 經過多年的討論及收集各組織的建議而編成的。它本身既是一個標準 ISO–7498（各標準的名字通常都是以該標準組織代號加上一個數字作為識別），又是一個概念，使到通訊從業員、產品使用者、設計者及生產商都有一個共同的語言以作交流之用。七層模式依次序為：實體層（physical layer ），數據鏈路層（datalink layer ），網絡層（network layer ），運輸層（transport layer ），節段層（session layer ），展示層（presentation layer ）和應用層（application layer ）。為避免使用多個技術性名詞和用語產生混淆，在闡述七層模式之前，我們得首先弄清楚幾個名稱的關係：

- 標準（standard ）
  是一個被公認和接受的正式設定和說明；它可以是一種格式（format ），或是一種電線電路接駁方法，又或是一種交換信息的程序等等。
- 協議（protocol ）
  是一種交換信息的程序（所以它可能是一種標準，如果它經已被多數人接受的話）；協議通常使用於兩個個體的溝通（例如兩部電腦利用電話線聯繫，或是一部打印機與個人電腦的接駁）。協議會清楚確立信息的交換程序和格式。

- 產品／實現（product／implementation）

  產品是為提供某種功能而生產的，其設計通常都是實現某種協議或標準。多種產品可能都是使用某一標準或協議，而某一種實現亦可能同時使用多種產品和標準；例如設計和實現一個網絡便需要使用七層模式（標準）、多種產品和協議。

  以上三種名稱都會重複出現於以下七層模式的闡述。

1. 實物層

這一層界定各種訊號如何輸送，亦包括了接駁設備的說明，因為接收與輸送訊號是由這些設備負責的。實物層所包括的範圍十分廣闊，因為其涉及很多的技術種類。以最低層次的角度來說，任何通訊都是以一種電磁（electromagnetical）或光（optical）的訊號，利用一種媒介以達到輸送的目的。

最常用的媒介包括雙扭曲線（twisted pair），以兩條大概一毫米粗的銅線互相扭曲而成。扭曲的作用是防止受附近各種電磁訊號的干擾，因為一條筆直的銅線具有天線接收作用。雙扭曲線可作數字的（digital）或模擬的（analog）傳送。雙扭曲線最大的好處是價錢平，廣泛地應用於電話系統。

同軸電纜（coaxial cable）是以一條粗銅線作核心，外加上一層絕緣體。再加一層傳導體（通常是一種薄銅網），最後的是一層保護膠外層。同軸電纜可分作基本波段和寬闊波段兩種，兩種波段原本是以 4 千赫（KHz）為分別，但在電腦網絡來說寬闊波段通常是指模擬式輸送。寬闊波段能以一條電纜提供多頻道輸送，但安裝和設計都較為複雜。同軸電纜常用於本地地區網絡和長程電話系統。

光導纖維（fibre optics）是較新的技術，主要媒介是用一條很細的玻璃纖維來傳送光訊號。光源可以用激光或普通的發光二極管。光導纖維能提供極寬闊的波段及作長程輸送，纖維本身又不受干擾及腐蝕。但是使用光纖需要較精密的安裝技術而接駁介面比普通其他電子介面昂貴。

其他普遍使用的媒介還有無線電波傳送，包括了微波和衛星；但除了特殊應用外，這些媒介都會接駁於電話網絡系統內再提供服務給予用戶。電話系統是歷史最悠久的網絡，早期電話系統全部是以模擬式輸送，但近年來大部分電話網絡經已逐步更換為數字式輸送。由於電腦設備全部使用數字式格式，所以在使用電話線路時便需要以"調諧器"（modem）接駁，接駁方法的標準便是著名的 RS-232C（EIA-232）；它是以 25 條電線（不是全部有用）接駁，稱為 25 針（pin），每一針都有不同的功用。不同組織都有相類似的 25 針標準（例如 CCITT V.24）。在使用數字式輸送時的標準則有 CCITT X.21 數字式訊號介面，它是以 8 條電線作出控制和通訊。

日常使用電話作為談話時是需要一條線路接通兩具電話並維持聯繫直至談話結束為止。這方法稱為"線路互換"（circuit switching），如應用於電腦通訊上（例如終端機接駁）則不大適合，因為使用終端機時是不停作出很短的對話式通訊（interactive），如果長時間佔用一條線路便會很浪費。電話公司於是除了提供公用電話網絡（Public Switching Telephone Network，PSTN）之外，再另外提供公用數據網絡（Public Data Network）並以"數據小包互換"形式運作。終端機與電腦（或任何兩個通訊用戶）之間並無一固定線路連接，每一信息都以一特定格式的數據小包傳送出去，電話公司根據數據上的資料（例如地址等）自行選擇線路傳送。這種網絡通常被稱為 X.25 網絡，X.25 是 CCITT 公用數據網絡的一個標準，它除了界定實物層的標準外還包括了數據鏈路及網絡兩個層面的説明。

X.25 是一個數字式傳送網絡，接駁上網時可以使用 X.21 介面。但因為在各地仍有很大量的終端機不是使用數字式介面，所以需要另一個介面以接駁非 X.21 終端機與 X.25 網絡，這介面或儀器稱為 " 數據小包裝拆器 " （Packet Assembler and Disassembler， PAD）而標準是 CCITT X.3；另外兩個標準 X.28 和 X.29 則用於接駁終端機和 PAD 以及電腦和 PAD。

除了使用電話公司的服務外，現在最普遍的是本地地區網絡。它的實物層與電話網絡的最大分別是各用戶會同時共用一條總線而不是各自使用線路，這分別令到使用的協議完全不同。標準是 IEEE-802，包括了三個鼎足而立的標準 802.3（Ethernet），802.4（token bus）和 802.5（token ring）。這三個標準各有擁護者，對其各自的長短處辯論不休。在可見的未來這三個標準應會共存。本地地區在其他方面還有很多有趣的地方，我們留待以後再作討論。

2. 數據鏈路層

這一層的主要任務是提供有效率及可靠的通訊。實物層只是針對處理訊號的傳送，任何一種媒介的接駁都只能以某一速度傳送（例如電話線通常是 2400 bps 或 9600 bps）。在傳送過程中，亦有很多可以出現錯誤的情況，例如干擾，其中一個用戶出現故障等。如何充分利用有限的速度並對可能出現的錯誤作出應變，便是數據鏈路層的功能。它是以不同的算法（algorithms）和協議的形式出現。實物層所輸送的數據是一連串的位元（bit），數據鏈路層便將這些位元組成（或拆散，視乎傳送的方向而定）一個個的櫃架（frame），並加上控制用的資料──例如檢查和（checksum），然後才作出傳送。在接收的時候它亦根據既定的框架格式將框架還原為位元，並以收到的控制資料對數據作出檢查，以確定傳送途中曾否出現問題。

常用的鏈路層協議可分為兩大類：以字節為本（byte-oriented）以及以位元為本（bit-oriented）兩種。以字節為本的有 IBM 的 BISYNC 和 DEC 的 DDCMP（這些都是產品而亦非標準）；以位元為本的則有 IBM 的 SDLC，其後 ISO 將之改成 HDLC 而 CCITT 亦採用為 X.25 網絡的介面。本地地區網絡亦採用 LCC 極近似 HDLC 的協議作為鏈路層。

3. 網絡層

數據鏈路層可根據數據小包的地址資料傳送到在同一網絡的任何一個電腦主機（host）。網絡層則再進一步令到數據小包可從任何一個主機橫跨多個網絡傳送到另一個主機。網絡層的主要功能可概括為地址管理及對照。走線選擇以及流量控制。網絡層以一個地址找出任何一個電腦主機，無論其是屬於廣闊地區網絡或是本地地區網絡。兩部處於不同網絡的主機可能沒有直接聯繫而是經過一部或多部其他主機作為中繼，因此在傳送的時候便可以有多條線路選擇。各主機的網絡層會因應當時情況和網絡的接駁資料作出決定。流量控制是當發覺數據傳送量大增時如何處理，例如改用其他走線或暫停接送或傳送等。網絡層通常會提供兩種形式傳送資料：以一固定線路形式（circuit），或是數據電報（datagram）；後者類似信件及電報服務，並不保證各數據包順序抵達。

全球運作中的網絡數目極為龐大而種類則千變萬化，據統計單是 IBM 的 SNA 網絡已超過 2 萬個；只是少部分完全參照 OSI 模式（SNA 已經不是），所以不同形式的網絡接駁將仍是主流。著名的網絡有以下的一些例子。首先，公用數據網絡有前述的 X.25。此外，由美國國防部發展超過十年的 Arpanet 已經被廣泛使用，用者包括各大學及政府機關，它並不參照 OSI 模式（Arpanet 開發時 OSI 模式還未成形）；使用的協議是 TCP / IP（Transmission Control Protocol/Internet Protocol），這一組協議提供網絡層及以上的功能。一套協議的組合提供各層次的功能（由實物到應用），可以從而界定一個網絡的特色，TCP/IP 是一個例子，其他的有通用摩托公司(General Motors)的 MAP（Manufacturing Automation Protocol）和波音公司（Boeing）的 TOP（Technical and Office Protocol）。

Usenet 是另外一個 Unix 系統的網絡，它主要是使用 Unix 系統的 UUCP 程序（Unix to Unix Copy）而沒有一個嚴謹的組織。Bitnet 是另一個源於紐約城市大學和耶魯大學的網絡，主要聯繫各大學，它使用一套 IBM 捐贈的協議，與 OSI 及 TCP/IP 並不兼容。

接駁不同的網絡需要使用不同技術，在各種接駁的組合中，大致可分三類：

　　a. 橋接器（bridge）──用以接駁兩種不同的本地地區網絡，例如 802.3(Ethernet)與 802.5(token ring)等。

　　b. 門路連接器（gateway）──用以接駁不同網絡，可以是本地和廣闊網絡以及廣闊與廣闊網絡接駁。

　　c. 協議轉換器（protocol convertor）──將一種協議的格式轉換到另外一種協議，例如將 OSI 的輸送層轉到 TCP/IP。

4. 運輸層

很多網絡早在 OSI 模式之前已經投產，這些網絡在概念上比較少劃分運輸層或以上（段節層、展示層和應用層），但運輸層（或運輸層所提供的功能）實際上擔當了一個很重要的角色，相對而言其他以上層面就未被普遍使用。運輸層的主要任務將由網絡層或以下接收到的信息，包括各種數據小包及控制數據，還原為一串串的字節以供用戶（其實是一個程序）使用。無論網絡層以下是以甚麼形式輸送（可以是線路形式或是以數據電報），運輸層都將之轉化為一個可靠的和以用戶本身的數據為本（剔除所有控制數據）的介面。

普遍使用的運輸層協議有 TCP / IP 組合裏的 TCP 和 UDP（User Datagram Protocol），MAP / TOP 組合使用的 ISO-8473，以及公共數據網絡 X.25 使用的 ISO-8072 / ISO-8073。

5. 段節層

段節層以上的三層模式並未全面發展，因為在應用上很多情況都並不需要這些功能；但作為一個全面的模式以及考慮到未來的需求，OSI 模式便界定了它們的功能。段節簡單來說是一段對話（interaction），可以是一個終端機與主機的對話，亦可以是兩部主機對話。一部終端機更可以多個視窗（window）的形式同時與多部主機對話而成為多段節的對話。每一段節會利用一條運輸層提供的虛擬線路與外界通訊，段節層的主要功能便是管理各個段節並維繫與運輸層之間的關係。段節層的協議標準並不太多，X- 視窗（X-window）是近期開始很普遍的一種，公用數據網絡則使用 ISO-8327 標準而 MAP / TOP 組合是使用一種近似 ISO 的協議。

6. 展示層

展示層主要針對數據傳送或接收之後以一種最適當的展示格式出現。最簡單的情況是一部使用 ASCII 內碼的主機傳送數據往一使用 EBCDIC 內碼的主機，展示層便需要作出適當的轉換，另一例子是一些全屏幕編輯器（full screen editor）在不同種類的終端機上運作。現在所有有關數據展示形式如轉換、壓縮、編密碼等都包括在展示層內。ISO 有兩個標準界定展示層功能，即 ISO 8822 及 8823。但很多應用情況都不使用標準而各自開發。

7. 應用層

任何直接與用戶對話的介面都可以歸入應用層的範圍，廣泛使用的應用功能有電子郵件、檔案傳送和目錄服務等。其他個別特殊應用一般都沒有特定標準，電子郵件則有 CCITT X.400，ISO 的 MOTIS（Message–Oriented Text Interchange System）和 TCP/IP 組合的 SMTP 協議（Simple Mail Transfer Protocol）。檔案傳送則有 OSI 的 FTAM（File Transfer Access and Management，ISO–8571 標準），而 TCP/IP 是使用 FTP（File Transfer Protocol）。

總括來說，數據通訊技術仍會作快速發展而產生新的標準例如 FDDI，舊的標準不會消失而只會修正以做出適應。由於現已投產的技術投資極大，所以現有各種標準將會繼續使用而兼容仍是主要目標。數據通訊在開放系統的概念裏所提供的是互通運作（interoperability）。作為數據通訊從業員應對所有標準都有一廣泛認識而在應用時再作出詳細探討和比較。圖 1.1 綜合了各種網絡的互相接駁，表 1.1 則搜集了大部分常用的標準以 OSI 七層模式列表以供讀者參考。

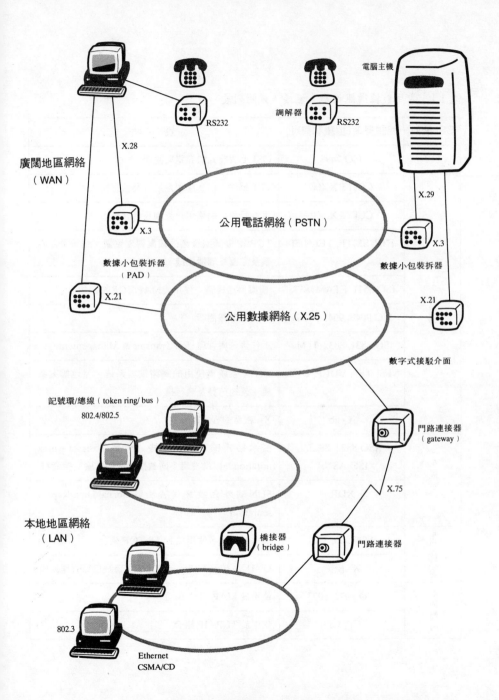

圖 1.1　各種網絡組合說明

表 1.1 常用數據通訊標準（協議）說明列表

OSI 層數	相關標準（協議和體現）	說　明
1-7	ISO 7498	OSI 七層模式的界定與説明
7. 應用層	CCITT X.400	電子郵件、信息處理系統以及信息格式
	CCITT X.500	目錄服務、網絡用戶查詢任何註冊用戶
	FTP, SMTP, TELNET	TCP/IP 協議組合裏的檔案傳送協議、電子郵件協議及虛擬終端機協議
	ISO 8571（FTAM）8572	檔案傳送協議，使用於 MAP/TOP 協議組合
	ISO 9040, 9041（VTS）	虛擬終端機標準
	ISO 8831, 8832（JTM）	工作傳送與管理（Job Transfer & Management）
	NFS, RFS, VUCP, UUX	UNIX 系統裏使用的網絡檔案系統、遠地檔案系統、遠地拷貝及執行指令
	X-lib	X- 視窗的程序庫
6. 展示層	ISO 8822, 8823, ISO ASN.1	展示格式標準及抽象格式代號（abstract syntax notation），以助使用不同數據代號的電腦交換資料
	XDR	SUN 的外在數據代表法（External Data Representation）
5. 段節層	ISO 8326, 8327	展示層協議，使用於 MAP/TOP 組合
	X-視窗	UNIX 系統及 X/Open 使用的視窗與段節管理架構
4. 運輸層	ISO 8072, 8073	使用於 MAP/TOP 組合
	TCP, UDP	使用於 TCP / IP 組合

OSI 層數	相關標準（協議和體現）	說　　明
3. 網絡層	CCITT X.25 PLP	X.25 數據網絡使用的標準。（Packet Layer Protocol）
	IP	使用於 TCP/IP
	ISO 8473	使用於 MAP/TOP
	CCITT I.450, 451	綜合數據網絡服務（ISDN）的網絡層
2. 數據鏈路層	CCITT X.25 LAPB, ISO–HDLC, IBM– SDLC, ANSI–ADCCP	同屬一類的標準
	IEEE 802 LCC, ISO 8802	本地地區網絡使用的 Logical Link Control 協議
	IEEE 802.3, 802.4, 802.5	本地地區網絡標準 Ethernet，token ring/bus
	IEEE 802.6	都市地區網絡標準 MAN
	CCITT I.440，441	綜合數據網絡服務
1. 實物層	RS232C，RS449 （RS423A,422A）， CCITT V.24	終端機/電腦與調解器介面
	CCITT X.21	終端機數字式接駁介面
	CCITT X.3, X.28, X.29	數據小包裝拆器介面（PAD）
	CCITT I.430，I.431	綜合數據網絡服務

1.3 個人電腦與本地地區網絡的啟示

自從 1974 年，史提夫‧翟布斯（Steve Jobs）在他的車房裏造出第一部＂蘋果＂電腦之後，資訊科技可以說是出現了一項歷史性的突破，亦是翟布斯夢想的實現——將電子計算能力解放出來，從大型電腦房中帶到每一個人的桌面上。1980 年 IBM 亦開始進入個人電腦市場，由於希望盡快推出產品，IBM 個人電腦（PC）所使用的全是現成電子零件，其中當然包括了如今非常著名的 Intel 中央處理器芯片。IBM 另外一個決定則更影響深遠，它將 IBM PC 的所有設計規格完全公開，令到大量軟硬件製造迅速生產出兼容及仿真個人電腦，加上各式各樣的週邊設備，結果是在短短的十年內，全球的兼容個人電腦便超越了五千萬部。在這段時間內軟硬件技術不斷改進而衍生出很多非正式的標準（de facto standard），任何人可因應自己的需求選擇標準兼容的設備裝嵌一部自己適用的電腦。這種不同軟硬件互相配合的使用便開拓了開放系統的領域。

硬件方面，中央處理器主要分兩大陣營：IBM PC 由開始即使用 Intel 8088，循序演變 80286，386，486，直至即將公布的586 芯片。其他的供應商如蘋果，HP，SUN 等則使 Motorola 68000 芯片。常見的週邊設備介面包括了 RS232C 及 SCSI（Small Computer System Interface）等。

軟件方面，主要的操作系統幾乎為 Microsoft 公司的 DOS（Disk Operating System）所壟斷。由於近年對個人或微型電腦的要求越來越高，以及硬件的功能亦相應變大，操作系統才續漸出現一些多用戶、多任務（multi-user，multi-task）的系統，例如 OS/2 和 Unix 等。在應用工具軟件方面亦出現幾種極受歡迎的軟件，如數據庫 dBase 及報表 Lotus1-2-3 及文字處理的

Word 和 Word Perfect 等。整個個人電腦使用的模式可簡略的劃分為三個層面：工具層、系統軟件層和硬件層。每一層的 de facto standard 都發展得十分成熟，為用戶提供了一個極方便的運作環境，達到了互通運作（interoperability），兼容（compatibility）和可移植性（portability）的目標。這個層化概念（layered concept）正是開放系統的核心概念，而各大供應商正在小型以至大型的電腦市場以這概念作出很大競爭。

雖然個人電腦使用起來極為方便，但是在容量以及資源共用方面始終都難與大型或小型電腦抗衡。要改進這方面的局限，將一系列的個人電腦連接便是一個有效的方法。本地地區網絡亦因此應運而生。如前文所述，本地地區網絡主要分兩大陣營：Ethernet（IEEE 802.3）和 token ring/bus（IEEE 802.4 和 802.5），在實物層而言，兩者分別不大，都是使用總線 bus。因為總線是一個廣播的媒介（broadcast medium），任何電腦若以一條總線連接便可隨意和隨時使用總線，於是便出現了爭奪總線使用的相撞情況（collision），各電腦需要遵守一套協議以防止相撞，這一類協議被歸納於媒介使用附屬層（MAC〔Medium Access Control〕layer），介乎實物與數據鏈路層之間。

Ethernet 使用的是 CSMA/CD（Carrier Sense–Multiple Access Protocol with Collison Detection），任何電腦想傳送之前先收聽總線上是否已經有人傳送，如果有的話便等候一段時間再作嘗試，等候時間的長短是隨機決定的（random）。Token ring/bus 則使用記號（token）。記號是一個訊號，不停於網絡內運行，一部電腦接收記號後如沒有需要使用總線便將記號再傳送出去，如要使用總線便可即時使用；任何電腦未接收記號之前均不能使用總線。兩種方法互有長短，CSMA/CD 較有效率，但當總線交通繁忙的時候便無法擔保可以提供一個最大反應時間

（maximum response time）。

　　能夠互相聯繫傳送資料只不過提供了基本的功能，本地地區網絡的更大目標是資源共用。一部具有很大磁碟容量的電腦和一部高效能的打印機可以利用網絡供其他電腦使用，令到整個網絡變得足以比美中大型的電腦。於是在網絡上某些電腦便演化成具有特定功能的服務者（server），例如檔案服務者（file server）和打印服務者（printer server）；其他使用這些服務的電腦便稱為客戶（client）。這個架構便開展了近年極具潛力的運算模型——" 客戶服務者 " 運算（client–server computer）。由於使用層化概念，應用層並不需要知道以下各層的運作方法，客戶所使用的檔案可以是由服務者提供，但亦可以由客戶本身的磁碟機提供。客戶與服務者可以在不同電腦或同一電腦運行而用戶並不需知道詳情。這種透明度高（high transparency）的運作便成為分散系統（distributed systems）的設計基礎。

　　驟眼看來，微不足道的個人電腦在短短的十年內竟然對資訊科技的影響發生如此深遠的影響，可以說連它們的始創者都不敢相信。未來的路向應該是在開放系統的範疇內發展高效能的分散系統。

1.4　UNIX 的進化與蛻變

　　作業系統在電腦的運作裏佔了一個很重要的位置，它除了控制資源分配（例如主記憶體及中央處理）外，更扮演一個介乎用戶與其他硬件與軟件之間的介面角色，它令到整部電腦更容易使用。傳統的作業系統只運作於某一結構的電腦，所以每一個電腦供應商都提供自己的作業系統。這些系統稱為專有系統（pro-prietary system），各種專有系統無論在設計或指令的使用上都截然不同。這情況令到擁有多款電腦的用戶極為不便。UNIX 作業系統的出現使這個困難出現了很大的轉機。UNIX 是當今能夠運行於最多不同硬件的作業系統，而許多銷售人員亦直接以 UNIX 為開放系統作為標榜。當然 UNIX 本身並不等於開放系統，但是它亦實在是開放系統的重要一環。雖然 UNIX 可以操作不同硬件，但使用 UNIX 的實際情況遠比想像中複雜，UNIX 現在已經演變成只是一個統稱，各供應商都開發自己的 UNIX 版本；而事實上亦沒有一個所謂真正的版本，有的只是幾個標準，各供應商亦會根據某一標準而加上自己的特點。因為業內一致看好 UNIX 的市場前景，所以標準的制訂過程所牽涉的商業競爭亦遠比其他例如數據通訊標準為大。

七十年代初期，美國電話與電報（AT&T）的兩個程序員（Ritchie and Thompson）完成了一個龐大作業系統的方案（MULTICS——這系統在作業系統的設計和學術研究上發揮極大影響，但商業上並不成功），他們在一部棄置的 PDP–II 電腦上編寫了一個簡單但非常靈活的作業系統供自己使用。在短短的幾年裏這個作業系統竟然在整個 AT&T 流行起來。這兩個程序員於 1973 年美國計算機學報（*ACM—American Computer Machinery*）發表了關於 UNIX 的論文，UNIX 便正式的面世了。AT&T 稍後將 UNIX 系統，包括了源碼（source code）供給加州柏克萊（Berkeley）大學使用，在自由及極具創意的學術環境中，UNIX 迅速演變，增加很多功能並進化成另一系列的 UNIX 版本，稱為 BSD（Berkeley Software Distribution）。一家生產高效能微型電腦（工作站）的公司 Sun Micro 以 BSD 版本生產了 SUN OS 作業系統，很快地 UNIX 便成為所有工作站作業系統的非正式標準。AT&T 開始發覺 UNIX 的龐大潛在商業價值，於是繼續發展並售賣版權以供其他用戶使用，這一系列的

UNIX 稱 為 System V。AT&T 更 將 所 有 "系 統 叫 喚" 介 面
（system call interface）編寫成一份文件作為標準（SVID—System V Interface Definition）。其後 IEEE 以此為藍本制訂標準
P1003-1，又稱為 POSIX（Portable Operating System Interface
Standard）。在八十年代裏，System V 與 BSD 一直是 UNIX 版
本的兩大陣營，各有擁護者，並互相競爭。最後 AT&T 與 Sun
Micro 及其他幾個供應商成立了一個組織，稱為 UI（UNIX
International），專責合併 BSD 和 System V 版本，並發展出
System V 的第四版（Release 4）而成為主流。其他供應商如
IBM 和 DEC 恐怕 AT&T 等壟斷了 UNIX 的發展，亦組成了另
一 個 組 織 OSF（Open System Foundation），發 展 另 一 個
UNIX 版本。到了這時候各大供應商經已認定了一個全面開放系
統 的 運 算 架 構 將 會 超 越 作 業 系 統 的 界 限，於 是 成 立 了
X / Open，全面使用層化概念（作業系統只是其中一層），在每
一層裏共用協議選擇一些經已被廣泛採用的技術，並編寫成標準
指引 XPG（X / Open Portability Guide），任何生產商都可跟
據指示發展產品，並要求 X / Open 作出測試及簽發證明書。現
在除了 UNIX 作業系統外，很多專有系統都參照 POSIX 而被測
定為 XPG 兼容。嚴格來說，UI，OSF 和 X / Open 全都是商業
組織而不是標準制訂組織。

　　UNIX 現已發展成開放系統的重要一環，可以説是成為了資
訊科技裏的一種文化，其市場力量亦足以與歷史悠久的專有系統
分庭抗禮。相信在未來的幾年裏它將會是任何一個資訊科技從業
員的基本訓練之一。

1.5 圖形介面與 X－視窗

　　傳統的電腦操作形式是用戶輸入一些指令，經過一個指令翻譯器（command interpreter）轉變成可以執行的指令或系統叫喚。不同的作業系統有不同的指令格式，UNIX 出現之後，在設計上這個翻譯器並不是作業系統的一部分而變成一個普通的程序，稱之為殼（shell），意即以一個殼裹着作業系統作為用戶介面，而殼是可以更換的，於是用戶介面的觀感（look and feel）便可以不同形式出現。在 UNIX 的世界裏有幾個著名的殼，Bourne Shell 和 Korn Shell（以人名命名）和 C–Shell（指令與 C 程序語言相似），但是這幾個殼所提供的指令都頗難記憶和使用，這亦是 UNIX 一直給人詬病的地方。為了使用上的方便，一些選擇單形式（menu driven）和圖形的介面逐漸在市場上推出。蘋果電腦公司推出 Macintosh 電腦之後，其全面圖形介面風行一時，令到 IBM PC 無法與之競爭，直至近年 Microsoft 的視窗系統（Window 3.0）和 OS/2 的 Presentation Manager 出現，情況才有所改觀。強勁的硬件裝備，令到圖形處理更方便，用戶介面的發展亦進入了全面圖形化，稱為 GUI（Graphical User Interface）。圖形用戶介面的發展亦逐漸趨向於標準化，在個人電腦上，蘋果電腦的 Multifinder 和 Microsoft 的 Window 會是主流，在 UNIX 的領域內則以 OSF 的 Motif 和 X/Open 的 Open Look 為主。

　　使用圖形介面的時候，用戶很多時都喜歡在一個畫面上劃分若干個部分，通常稱為視窗，每一個視窗都可顯示不同的資料。對於一些需要同時參考多種資料的工作，這種多工多窗（multi-window，multi-tasking）運作模式特別合用。在 Macintosh 或 IBM PC 運行的視窗介面並不能提供真正的多工環境，因為兩者的作業系統都不支援多工環境。圖形介面面對的另一個問題便是圖形顯示的硬件，為了達到高速圖形顯示，這些介面程序往往倚賴一些特殊硬件。如何開發一個多工多窗，獨立於任何圖形顯示硬件而能運行於一個建基於不同主機網絡之上的視窗系統，便成為一項極具挑戰性的工作。最早使用於 UNIX 系統而逐漸流行至其他工作站及個人電腦的 X- 視窗系統（X-Window System）便可應付上述的挑戰。X- 視窗源於美國麻省理工學院（MIT），現今已被廣泛採用，（X-Open）亦已選為其圖形視窗介面的標準。X- 視窗採用了客戶與服務者的架構，正如一般的設計，客戶與服務者可以運行於不同電腦或是同一電腦之上而一個服務者可以處理多個客戶。客戶與服務者之間的溝通使用的協議稱為 X- 協議（X-Protocol）。X- 服務者（X-Server）負責控制所有圖形顯示硬件，輸入輸出的鍵盤和滑鼠器等等的驅動程序（driver），因而達到了獨立於個別硬件的限制。每一客戶（其實是一個應用程序）會以一個視窗形式出現並以 X- 協議對 X- 服務者作出畫面顯示的指令，X- 服務者收到了鍵盤或滑鼠器的輸入亦會通知有關的客戶。客戶程序亦可以運行於不同的主機之上，產生的效果便是以單一畫面以多個視窗作為虛擬終端機（virtual terminal）同時使用多部（可以是不同型號）電腦。由此可見 X- 視窗系統的效能非常強大。

1.6 甚麼是開放式系統？

我們大致上以層化概念先後探討了各層的標準，由數據通訊為始，經過作業系統而達到了用戶介面，現在已是適當等候總結上述討論藉以了解一下何謂開放系統。不同的人對開放系統有不同解釋。我們採用的是：以層化的概念去組合不同的軟硬件技術以達至三個目標：（1）互通運作（interoperability），（2）技術移植（portability）及（3）技術整合（integration），在組合的過程裏會採用標準，無論是正式或非正式的，去採購或使用當時及以後在市場上最具競爭力的技術。互通運作的主要目標是數據交換，網絡與數據通訊是重要的互通運作技術，除了在網絡之上作數據交換之外，互通運作亦應包括了不同應用工具，例如資料庫管理系統（Database Manager System，DBMS）的數據交換。現時最普遍的標準是SQL（Structured Query Language），或是以一個POSIX介面出現的檔案系統（檔案的使用其實是一系列的系統叫喚，POSIX便是系統叫喚的標準）。技術移植是指，在某一環境開發的技術（通常是工具軟件或是應用軟件）可以很容易的轉往另一環境運作，例如以IBM系統開發的應用系統轉往DEC系統上運作。技術移植包括了作業系統、資料管理及用戶介面的可移植性。技術整合就是如何使不同的系統組件有效地互相配合去為用戶提供一系列統一（consistent）的應用環境。

X–Open為這個層化開放概念定出了一個架構（見圖1.2），它列出了應用、應用支援、工具、作業系統及硬件各層。讀者可參照我們所討論的各種標準並以之嘗試配合各層所需。

為了對開放系統再作一個簡單的闡述，我們可以提供一個在不久的將來便有可能實現的構想：一個跨國企業的各個部門用戶各以最適合自己的用戶介面（可以是指令、視窗，或是接觸式屏幕［touch screen］）使用一系列相同的應用軟件去處理自己的工作，這一系列軟件運行於一個全球網絡之上，各用戶不需要知道究竟自己使用的是甚麼電腦，個別的電腦概念經已變成一個由數十以至數百部不同型號電腦組成的網絡。用戶所使用的應用軟件由不同的組件裝配而成，某些組件是在某一地區開發而提供給

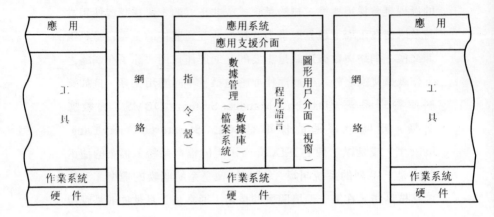

圖 1.2　X / Open 開放式系統層化概念說明

全球使用，另外一些組件則可能是在市場上購買，整個企業的資訊處理都是以一個層化結構的大藍圖去統籌並由一羣系統整合者（systems integrator）搜購及使用不同技術去建成。

1.7　總結

開放系統的概念將會成為一個大趨勢。在資訊科技巨輪急速運轉之下，資訊從業員的發展應該可以分為兩大方向：一是向某一技術作深入研究與開發，從而變成專門的專家級技術人員；而另一方向便是充分掌握各種標準的使用、影響和演變，從而扮演着系統整合者的角色，系統整合者的地位亦將會變得越來越重要。

2 人工智能與專家系統

盧偉聲・香港嶺南學院電腦學系

2

人工智能與專家系統

2.1　電腦的能耐與人工智能

2.1.1　電腦科技的水平

在很多科幻影片裏，都有機械人的出現。這些機械人大多能用人類言語去交談，能像人類一樣用眼去辨認物體，也能和人類一樣走動。

看完這些科幻片以後，很多人都會想知道，現今的科技水平是否足以製成這樣的機械？

答案是否定的，現今的科技水平仍未足以複製人類的所有功能，雖然近代的電腦速度越來越快，能夠在短時間內進行複雜的計算，並且極其準確；可是，一些極具普通的人類功能，例如用眼去辨認物體，電腦並不會比一個三歲的小孩子做得快，也不及小孩子的準確。電腦在辨認物體方面甚至比不上一些較低等的動物如貓、狗等快速和準確。

電腦在這方面的表現，令很多人大感意外。我們會在下文詳細解釋這一方面的困難。

2.1.2　"人工智能"（Artificial Intelligence）的定義

由於電腦有很多方面還是落後於人類，人工智能便成為眾多電腦研究工作中，其中一個最熱門的項目。

＂人工智能＂的研究工作已經有超過幾十年的歷史，早期的研究工作，大多是局限於大學的研究，而且成就也不及當時一般人所預期的好。因此人工智能曾經歷過一段黑暗時期。在 1973 年，甚至有人提議中止所有人工智能的研究工作。

　　近年來，由於人工智能已經有了一些可供實際應用的產品，改變了很多人對它的看法。因為這些產品肯定人工智能在多方面的可行性，很多公司都資助及直接參與這方面的研究，亦有多家專門研究及發展這方面的人工智能的公司成立，令這門學問的研究工作變得熱鬧起來。

　　儘管這方面的研究正方興未艾，人工智能還是沒有一個統一、被所有人都認同的定義。雖然如此，討論一些有趣的定義，可以大大幫助我們對這方面的了解。

　　以下是一些較流行的定義：

定義甲：使電腦擁有人類的智能。

定義乙：複製人類的所有功能，使電腦在這方面的速度和準確性，能與人類相比，甚至超越人類。

定義丙：到目前階段為止，某些方面的工作，還是由人類來處理，比電腦有效得多。如何使電腦改善這方面的工作效率，便是人工智能的範圍。

　　定義甲和定義乙都有其支持者，可是討論這些定義時，往往觸發一些頗具爭議的項目，例如＂何謂人類智能？＂，＂甚麼是推理能力？＂，＂甚麼是知識？＂等問題。

　　定義丙避開了＂智能＂、＂推理＂、＂知識＂等問題，可是它卻是一個極其有趣的定義，因為依它所說，就永遠不會有人工智能的產品出現。這是因為，一旦電腦能夠在某一項工作上比人類更為優勝的話，那麼這項工作便算不上＂人工智能＂的研究範圍，其產品也不能說是人工智能的產品了。

從這個角度來看，定義丙便變得十分可笑；可是它仍然有它的支持者，因為它並非完全不可信。現在讓我們看看一個弈棋的例子。

電腦弈棋是早期的一個熱門項目，因為弈棋有十分明確的規則，而弈棋高手亦往往被視為聰明人。因此，電腦如果能夠戰勝弈棋高手，自然可以稱為擁有人工智能。

近期有很多電腦弈棋的軟件出現，有些軟件（祇限於某幾類棋）還到達了世界一流棋手的階段。一些人工智能研究者便不再視弈棋為人工智能的項目。

如何判斷人工智能的研究工作是否成功，也是一個困難和具爭議性的項目。如果我們要電腦進行一項複雜的運算，電腦要是能在規定的時間內給予正確的答案，那麼任務便是成功，反之便是失敗。

可是人工智能往往不能用這些方法去判斷。我們再以弈棋為例（如果我們仍然把弈棋列入人工智能的範圍的話），弈棋軟件如果和十個世界一流好手對弈，它若能戰勝八位好手的話，那麼便已經是很好的軟件，兩次戰敗並不是一個大問題。

因此，評價人工智能軟件不能簡單用〝對〞或〝錯〞去判定，而是要量度它能和人類的表現有多接近。因為人類在應用智能的時候，也有出錯的機會；加上有些工作是不可能取得全部資料，才作出決定。例如玩橋牌、預測股票價格等工作，便需要計算〝或然率〞（probabilities），因此不可能有百分百的成功率。

要量度電腦與人類的表現有多接近，也不是一項容易的工作，要判斷電腦能否像人類般〝思想〞，也極為困難，因為我們要先給〝智能〞、〝知識〞、〝推理〞等名詞先下定義，而這些定義都會帶來很多爭論。

為了避開這些爭論，遂有圖靈測試法（turing test）的產生。其方法頗為簡單，它需要兩個人和被測試的電腦（見圖2.1），其中一個人是測試者，而電腦和另一個人是在一間與測試者分開的房間內，測試者祇知道一個是甲，一個是乙。測試者向甲和乙發問，而從他們的答案中判斷誰是電腦，誰是人。

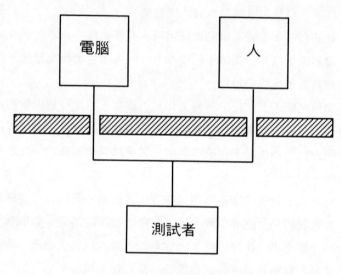

圖 2.1　圖靈測試法

　　測試者可以用任何方法去發問，但電腦也可以用任何方法去回答，以誤導測試者相信它是人類。例如測試者問 34785432×12587423 是多少？電腦本來可以立刻給予正確的答案，但它可以等候一分鐘，然後故意給予一個錯誤的答案，使測試者相信它是一個不精於計算的人。

　　一般人相信要製成能夠完全通過圖靈測試者的電腦，還需要一段相當長的時間，有些人甚至質疑我們能否製成這樣的機器，因為這套電腦需要龐大無比的知識庫（knowledge base）。

無論如何，仍然有大量研究人員從事這方面的工作。由於要建立一個龐大的知識庫會遇上很多困難，短期內不容易解決，一般的做法是退而求其次，將知識領域（knowledge domain）縮窄，例如只局限於醫學、化學、地理等某一特殊領域。

2.1.3　人工智能的研究範圍

　　人工智能的研究範圍相當廣泛，以下是一些較多人研究的項目：

1.　專家系統（Expert System）

　　在各種行業中，都有專家的出現，他們能夠執行一般人不能勝任的工作，例如腦科醫生、投資專家、核子反應研究專家等。這些專家的數量通常很少，因此他們的服務費用也很昂貴。因此，如果電腦系統能夠執行專家的工作，便會帶來很大的經濟效益。這種電腦系統就叫做專家系統。

　　由於有一些很著名的專家系統出現，而專家系統也逐漸普及，在未來五年內，會有各種不同的專家系統在軟件市場上出售，這將會給每一個行業帶來很大的影響，所以我們會在本文後半部詳細討論。

2.　視覺認知（Visual Perception）

　　要將影像傳至電腦，並不困難。我們可以使用掃描器（scanner）、照相機、錄像機等，加上適當的介面（interface），便可以將影像傳至電腦。要將影像儲存於硬碟上，也是十分容易。

　　可是，要電腦辨認影像內的物體，卻是十分困難的工作。很多人以為可以把各種物體的影像預早儲存於硬碟之內，如果儲存於電腦內的物體影像夠多，那麼電腦只要將要辨認的影像和儲存的影像一一比較，便能夠把影像辨認出來。

　　影像認知的困難，在於從不同的角度看同一件物體，所得的影像都會不同。因為看東西的角度是無限的，要把無限的物體影像儲存是不可能的。即使電腦能儲存這些影像，要尋找和核對也會花費大量的時間，因此這個方法並不可行。

　　除了不同角度的影像不完全一樣的問題外，還有其他問題。例如我們看到一部汽車的時候，剛巧有一個小孩子經過，把汽車的一部分遮住，我們仍然可以辨認出那是一部汽車。

　　一部剛出廠的新型號汽車，是我們以前未見過的，但要辨認和判斷這是一部新型號汽車，並不困難。可是使用以上的影像儲存法卻不可能，因為我們事先並沒有新型號汽車的影像。

　　使視覺認知更為困難的，是要辨認的影像通常是模糊不清的。例如在報紙上刊出的黑白相片，可能受到拍攝時距離太遠或光線不足等因素影響，通常都很不清楚。可是，人類要辨認相片內的物體還不是太困難的。用其他方法取得的影像，也有類似的情形，例如 X 光的底片、雷達的影像等，也可能因為受到電子干擾或其他因素影響，出現一些並不存在的點，所以電腦辨別物體前便要先判斷那些點是不存在的，這便增加了辨別的困難。

　　由此可見，研究人員必須使用各種不同的方法，去增加電腦辨認物體的能力。

　　雖然電腦辨認物體仍有相當困難，但這方面的應用卻是相當廣泛的。例如電腦可以辨認印在紙上的英文字母，如果字母符合一定的格式，而印刷清楚的話，準確性是頗高的。在軍事上，飛行員要辨認轟炸的目標，由於受到其他因素影響，例如敵方的攻擊或時間的限制，往往會出錯；如果電腦能夠辨認目標的話，便可減少一些人為的錯誤。

3. 人類語言理解（Language Understanding）

要把文字輸入電腦，除了用鍵盤之外，還可以用掃描器將書本或紙張上的文字輸入，由於我們擁有大量書本，如果電腦能夠看懂這些文字，電腦便可以擁有大量知識，閱讀文字也成為輸入知識的簡易方法。

由於電腦能夠不斷閱讀而不感到疲倦，而閱讀又是學習的最佳方法之一，因此，如果電腦能理解人類語言，它的能力將會超越人類。

可是，理解人類語言（natural language）並不像一般人想像中簡單，主要有下列困難：

i. 沒有完整的資料

在一般句子中，很多時所提供的資料並不完整，必需加上閱讀者本身的推理（reasoning）和普通常識，才能理解每一句子。例如一篇文章中某一段提及甲、乙、丙、丁等數人，在接着的一段中出現 " 他 " 這一個字，這裏 " 他 " 究竟是指甲、乙、丙、丁中那一人，便不可能從單一句子上得到答案；閱讀者必需從上文下理去推斷 " 他 " 是誰，或者在資料不完整時，運用推斷誰是中心人物等技巧，以判斷出 " 他 " 究竟指那一個人。

現在讓我們再看另外一個例子：

" 甲走進一家餐廳，點了一客豬排；在八時左右，他結賬離去。 "

如果我們要問：甲有沒有吃豬排？那麼單從上述文字來看，我們並沒有資料作答，因為那些句子完全沒有提及 " 吃 " 的問題。

可是，從普通常識來說，甲進餐廳去，通常是因為他想吃東西，除非他叫了食物，等了很久之後，食物都沒有來，或者是食物弄得很差，他實在吃不下，但是，在這種情形下，他可能無需付賬。

因此，在沒有提及這些特別情形的時候，一般讀者都會假設甲吃了豬排。

在一般文章中，作者都假設讀者有相當程度的普通常識，而不把所有資料都寫上去（除了一些法律性的合約外）。

ii. 多重意思

在一般語言裏，一個詞、一個片語，甚至一個句子，往往可以作出多個不同的解釋，要決定那一個解釋最適合，除了必需有普通常識外，有時還需要對文章所討論的中心話題或意思有基本上的認識。

iii. 語言變遷

語言是不斷演化的，經常都有新詞或者新的慣用法出現，舊的字詞也可能會有新的解釋。

總括來說，最初的構想是藉着閱讀文字，去建立一個龐大的知識庫。可是，我們卻發現要使電腦有語文或文章的理解能力，很多時都先要建立＂普通知識庫＂，而建立這個普通知識庫也需要大量的知識。這個問題也就變得像＂雞和蛋哪一樣先存在＂的問題。

4. 人類語言產生（Language Generation）

如果電腦能夠寫文章，或者是用聲音與人類交談的話，那麼電腦便能勝任很多人類的工作。但在很多應用上，這種能力都要與語言理解相互配合。

5. 電腦翻譯（Machine Translation）

　　早期的電腦翻譯研究，大部分人都認為只要把兩種語文對照辭典輸入電腦，便可以達成電腦翻譯的目的。當然，輸入兩種文字的對照辭典是很重要的，但單靠文字辭典是不足夠的，因此遇上很多難以克服的困難。

　　主要的困難是一個詞或句子可以有多種解釋，如果沒有普通常識，對文章討論的題目又沒有基本的認識，就很難判斷那一種解釋最為合理。

　　説起來，翻譯所遇上的困難正好是語言理解的困難。因此，近期的一些研究工作，是把〝語言理解〞及〝語言產生〞列為翻譯的主要環節。例如要將一篇中文譯成英文，第一步是電腦先要明白整段中文的意思，然後將所描述的意思儲存於電腦記憶中，下一步才是按照儲存的〝意思〞產生英文（見圖 2.2 ）。

圖 2.2　電腦翻譯的主要環節

　　這種翻譯法的主要好處，是最初我們可能只致力將甲國文字譯成乙國文字，那麼我們要研究的是製成〝理解甲國文字〞的部分，再加上〝產生乙國文字〞的部分。這方面研製成功以後，要把甲國文字譯成丙國的文字，便只需加上〝產生丙國文字〞的部分，無需再研製〝理解甲國文字〞的部分。

也就是說，開始的時候，我們要花更大的時間和精力，但是一旦研究成功，這種方法的經濟效益卻比其他的方法大。

當然，也有人認為這種方法不是十全十美，這就涉及翻譯學上的＂直譯＂法及＂意譯＂法的問題，上文所提及的方法基本上是使用意譯法，而一般人認為直譯及意譯法各有其長短，不能分出其高低。由於這些理論不屬於本文的研究範圍，有興趣研究翻譯的讀者可參閱有關理論書籍。

在電腦翻譯研究者中，也有較為悲觀的看法。就是在目前的硬件及軟件水平下，電腦翻譯是無法成功的，或者是無法在短期內成功的。

我們現在不打算去評論這些看法，但有趣的是，持有這種看法的研究者並非放棄工作，而是退而求其次，提出＂電腦輔助翻譯＂（computer assisted translation）的理論。

電腦輔助翻譯系統的主要特點，是它不能完全獨立工作，它的主要任務是要協助翻譯人員。電腦系統會將簡單的文字翻譯，但如果遇上不能解決的問題，它便將這個問題顯示於螢幕上，要求翻譯人員去作出決定。例如遇上一個名詞可以有多種解釋，電腦不能判斷採用哪一種解釋或翻譯，電腦便將所有可能的解釋顯示於螢幕上，要求翻譯人員作出選擇，如果所有解釋都不合適的話，翻譯人員可以加上自己的解釋。

由此可知，電腦輔助翻譯系統是要縮短翻譯的時間，但它不能取代翻譯人員，而只是扮演輔助的角色。由於翻譯是很費時的工作，良好的翻譯人員也經常供不應求，能夠縮短翻譯所需的時間，當然也會達致很高的經濟效益。

6. 人類聲音認知（Speech Recognition）

我們要將數據輸入電腦，最普遍採用的方法是利用鍵盤。但是，如果我們能夠準確地用聲音將數據輸入電腦，在一些情況下會比使用鍵盤好，這些情形包括：

i. 速度

一些電腦應用系統，需要在短時間內輸入大量數據，例如船務系統，當一隻貨櫃船到達某一港口時，船公司便需輸入極為大量的數據及印出大量文件。這些工作都需要在數天內完成，一天的延誤或會做成百萬元以上的損失。因此，大型的船公司往往聘有數十人，專門負責數據輸入工作。雖然有大量工作人員，在繁忙時間內，他們仍然經常要做超時工作，由此可見輸入工作之繁重。

在這種情形下，使用聲音作為輸入法，會大大縮短輸入所需的時間，因為人類説話的速度，往往遠超使用鍵盤的速度。

ii. 訓練時間

要使用鍵盤，通常都需要受過相當沉悶的訓練，才會達到滿意的速度和準確度。可是，不是所有人都有機會接受訓練，或是願意接受訓練，例如一些高級行政人員，便會説他們沒有時間去接受訓練，這個藉口往往構成使用電腦的障礙。

可是，幾乎每個人都會説話而不需受特殊訓練，所以，可靠的聲音輸入法會消除這些障礙。

iii. 環境限制

有些時候用戶的環境不容許用鍵盤或其他設備與電腦通訊。例如正在水底的潛水員，可以通過有線或無線的通話器與岸上的電腦取得聯繫，命令電腦工作。駕駛戰鬥機的機員，可能正在被敵方的飛彈追擊，他的眼睛和手都很忙，因為要逃避敵方的攻擊，他可能連用眼去找尋機上的一個按鈕，然後用手按下去的時間也沒有。如果他能用聲音命令機上的電腦自動向敵方反擊，或者發出電子干擾等，那麼對飛行員來說，會是個很大的幫助。

由於使用聲音輸入有以上的好處，人工智能的研究者便努力不懈地研究，現時已有一些商品可以買到，有些由千多港元起的〝人類聲音認知卡〞（speech perception card），插在普通的個人電腦（PC）機上，便可以使用來辨認聲音，很多製造商都宣稱達到百分之九十九以上的準確率。

那麼，這方面的研究是否已告一段落呢？答案是否定的，因為仍然有很多問題要等待解決，這些問題包括：

i. 訓練需求

很多聲音認知卡是要先經過一個訓練（training）的階段，才可以正式使用。例如你要認知卡認出你所説由 1 至 10 的數字，你先要説一次，告訴它那個是 1，2，3 等數字，然後才可以使用；如果你的朋友要試用，他也要重複你所做的事，因為每一個人的聲音都有點不同，雖然大家都在説同一個字。

這個系統的價格雖然很便宜，可是也有它的缺點，例如在圖書館的查詢圖書系統內，便不適合使用，因為不可能事先錄下所有人的聲音，這樣做也需要很大的儲存量。

還有一個缺點是假若使用者染上疾病（例如傷風、感冒）或者面對很大的壓力（例如駕駛戰鬥機的機員正在被敵方的炮火攻擊），使用者的聲音可能產生變化，而導致電腦失誤，這些都是要進一步研究的。

ii. 雜音

很多製造商所宣稱的準確度是在很理想的環境下界定的，那就是說在測試時沒有雜音的存在。可是在實際的環境中，沒有雜音的情況極少出現，只視乎音量的強弱而已。

例如在普通的商業寫字樓內，當你用聲音輸入時，可能有電話鈴聲，其他同事和顧客在另一角落傾談，或者印字機正在編印報告等，都會構成雜音。

除非雜音很厲害，人類通常能夠將注意力集中在主要聲音上，將雜音的影響減至最低。這種分辨主音與雜音的能力是很了不起的。

在學校上課的時候是另外一個好例子，學生專心聽老師授課，雖然身邊有兩個頑皮同學在交談，他也可以分出那一個人的聲音是他需要聆聽的，盡量將同學交談聲音的干擾減低。

因此，如何將雜音的干擾減低，是一個仍需改良的項目。

iii. 多音節詞語

很多常見的語言，例如英語，一個詞語往往由多個音節（syllable）拼合而成。可是，當正常說話時，一句說話內詞與詞之間的停頓時間並不明顯，如何將多個音合理地切斷來分析，便使辨認聲音增加了困難。更困難的是當某兩個詞放在一起時，頭一個詞的尾音可能和另一個詞的頭音結合，變成另外一個音，這些問題都會增加聲音辨認的時間。

7. 學習（Machine Learning）

我們前面說過，閱讀文字是人類學習的一個主要途徑。可是，人類學習還有很多其他途徑，有些學習方法是專家也不十分了解的。

養育過小孩子的人都會有這樣的感覺，在嬰兒時代，小孩子是甚麼也不知道的，到了二至三歲左右，小孩子或會突然學懂了一些技能或觀念。這些技能或抽象概念，在成人來說雖然是微不足道的事，可是卻令父母異常詫異，因為父母從未特意教導他；可能是父母覺得孩子仍小，未能學懂這些東西；有時一些概念過分抽象，如果要父母特意教導，父母也不知道如何解釋。可是，小孩子好像突然學上了，因此，人類某些學習能力是相當神秘的。

能夠使電腦擁有人類的學習能力，是很令人興奮的事。因為電腦不需要睡覺，記憶也比人多，可以進行永無休止的學習。擁有學習能力的電腦，對於人類目前無法解決的困難，有很大的幫助。

我記得看過一個電視節目，內容是說太空探險隊遇上了一隻太空船，太空船的操縱者有無窮的能力和智慧，比他們強上很多倍。後來他們發覺太空船上並沒有人，只是由任一部聰明無比的電腦操縱。特別令人驚奇的是，那部太空船其實是多年前人類放在太空軌道上，並且命令太空船上的電腦用任何可行的方法學習；後來，太空船脫離了軌道而失去跡影，人類未能將之收回。可是，電腦卻在太空中繼續學習，並取得能量以延續其生命。由於電腦不斷學習，其科技水平反而超越人類。

雖然這是一個科幻故事，卻令我留下了頗為深刻的印象，因為這方面的成功會令人類的進化加速。

2.2 專家系統的產生

2.2.1 知識領域（Knowledge Domain）

專家系統內有大量由專家所提供的知識，憑着這些知識，專家系統能夠提供專家水平的服務，去解決問題。

一般專家的專長，都是集中於一個極窄的知識領域之內，例如一個腦科醫生，他可能不會修理一個普通的電風扇。因此，一個專家系統通常只能解決某個知識領域內的問題，一旦超出這個知識領域，專家系統便不能提供答案。

2.2.2 專家系統的優點

專家系統將會越來越多，專家系統也會越來越便宜，甚至將來會有一些在個人電腦上使用的專家系統，就像現時的dBase，Lotus-123，Wordstar等軟件一樣普通和便宜。

很多商業機構也會廣泛使用專家系統，一如他們現時使用電腦去處理一般數據。這些機構會選購市面上現成的系統，也會自行發展自己獨有的專家系統。

專家系統能夠刺激這樣大的需求，主要是它有下列優點：

1. 增加專家服務

專家的數量通常是很少的，可是對專家服務的需求卻很大，往往有供不應求的現象。很多大機構雖然能提供很好的聘用條件，也不容易增加專家的數量。因此，能夠生產專家系統，去提供專家服務，便可以解決這方面的供求問題，因為一個專家系統成功之後，要把它複製，所需的成本甚低，所需的時間也很短。

2. 超越時間的限制

專家系統能夠長時間地提供服務，甚至不停地一天 24 小時工作，那是任何人也不可以做到的。

3. 超越地域的限制

一些跨國的大機構，在世界各地都有分公司，如果這些分公司都需要專家的服務，那麼專家便要作頻密的商務旅行。如果專家只得一個，而同一時間內兩處地方都需要他的服務，那麼他便無法滿足兩地的需要。使用專家系統，便能解決這些問題。

4. 克服惡劣的環境

一些較為惡劣的居住環境，很難吸引專家在當地長期工作，例如長期冰封的北極、酷熱的沙漠地帶、未開發的原始森林區等，即使設在這些地區的辦公室內有空氣調節，但由於其他設備差，是很難吸引得到供不應求的專家。

有高度危險的地方，例如戰地，也很適合使用專家系統，因為這樣能減低傷害或損失專家的危險。

5. 延續專家的服務

某方面的專家可能很罕有，在一個大機構內，可能只得一個，甚至全世界只得一兩個。如果這個專家退休的話，那麼對他工作的機構，或者全人類，都是一個損失。

在專家退休之前，如果能夠讓他參與發展專家系統，便能令他的服務得以延續。

6. 劃一標準

不同的人處理同一件事,由於有不同的標準,可能有不同的結論。甚至有時同一個人處理相似的事項,也可能因為時間、心情等因素影響,而作出不同的決定。

例如兩個背景及經濟環境相似的人各自申請政府的公共援助,由於由不同的政府官員處理,結果甲的申請被接納,而乙的被拒絕。如果甲和乙是相識的話,那麼乙可能會覺得被歧視,因而引起投訴或法律訴訟。

處理兩件個案的官員都可能根據規章辦事,可是他們的推理方法及細節上的標準不一致,便會達成不同的結論。要把推理方法及所有細節上的標準劃一,雖不是不可能,可是這樣會引進大量的辦事規條和標準,而過多的規條和標準,往往使辦事效率降低。

因此,用專家系統作出決定或建議,對行動和標準的劃一,有很大的幫助。

7. 經濟效益

專家的數量是很少的,因此他們的服務費用往往十分昂貴。雖然發展專家系統的費用也很高;可是,如果選擇知識領域正確的話,成本是遠遠低於利益的,因為專家系統可以長時間不斷工作。

近年來個人電腦十分普及,很多中小型的公司都購買一部以上的電腦,而個人擁有電腦數量也很多。因此,一套良好的個人電腦軟件,賣出十幾萬套也是很平常的事。由於這個原因,在個人電腦上運行的專家系統,便能以低價出售。

購買這些現成的專家系統,從而取得專家的意見,其經濟效益是相當明顯的。

8. 改善效率

有些工作在作出決定之前，必需尋找大量的資料，或作出一些複雜的計算，然後才可以進行推理及決策。電腦在尋找資料及計算方面，比人類快得多，因而可以減低決策所需的時間。

9. 訓練新的專家

良好的專家系統，除了能夠作出決策之外，還能詳細說明它的推理步驟。

早期把解釋推理步驟能力加進去，是要說服使用者，去相信電腦的結論是正確的，例如我們發展了一個醫療腦科疾病的專家系統，去幫助醫生診症。醫生看到了專家系統的判斷，如果他自己不能作出同樣的判斷，他可以要求電腦解釋。這種解釋的能力，對使用者是十分重要的。對發展中的專家系統，在測試和除錯（debug）方面也是很有幫助的。

如果使用者的知識水平，尚未到達專家程度。那麼，這些解釋推理步驟的能力，便能發揮訓練的功能，把使用者的專業水平提昇。

2.2.3 成功的例子

人工智能的研究由備受冷落，到被人們重新注意，是受到一些成功的人工智能產品所影響的。而成功的專家系統是其中最受注目的項目之一。

現在讓我們看看一些較為著名的成功例子：

1. MYCIN

這個專家系統是用來診斷及治療傳染性的血病（infectious

blood diseases），研究計畫始於 1972 年，由 Edward Shortliffe 以博士論文的形式發表。

這個系統被認為具有專家水平的工作能力，在推理過程中使用或然率，也就是說一些事情不能說是百分百肯定，或者百分百否定。

MYCIN 並沒有成為商品，但它卻對日後的專家系統的研究帶來深遠的影響。直到今天，很多討論人工智能或專家系統的教科書都有討論 MYCIN 系統。

MYCIN 系統有以下優點：

系統能夠搜尋所有可能的病症，有些病症是專家本人從未遇過的罕有病症，因此也很可能被忽略。

——電腦不會疲倦，也不會受到心情及工作壓力的影響，因而忘記一些重要的東西，而作出一些人為的錯誤。

——一些醫生過分忙碌，多年未能參加研討會，因此未能得知最新的治療法，而電腦卻可以介紹最新的治療法。

——電腦能夠根據人體重量計算更準確的用藥量，專家未必有時間這樣做。

——有時兩種或以上的藥物一起使用，可能會損害病人的健康，因為藥物的種類很多，藥物的組合多不勝數，那幾種組合有害，很難記住。電腦專家系統卻很容易克服這些困難。

2. XCON

XCON 的全寫是 EXPERT CONFIGURER（組合專家），這個系統是為迪吉多電腦設備公司（Digital Equipment Corporation）而設計，是為了確定電腦組合是否完整和正確。

由於電腦組件有無窮的組合，一張電腦訂單，往往包括很多組件，電腦公司必須核對有沒有組件被遺漏，細微的地方如用甚麼電線將各組件聯接起來，電線有多長，用甚麼類型的插頭等。

比較重要的項目包括電腦主記憶要有多大、磁碟容量有多大，才能支援一定數量的終端機（terminal）等。如果一不小心，這些問題便會被忽略。

我們可以看看以下的例子，便知道核對訂單的重要性：

甲公司從乙電腦公司購入某型號的電腦，電腦規格說明書（specification）上的資料，說明這部電腦可以支援十二部終端機。可是，當甲公司連接起十二部終端機的時候，回應時間便變得很慢。

主要的原因，是甲公司購入電腦時，電腦只有最低要求的記憶（minimum memory）及最低磁碟容量（minimum disk storage）。這些最低要求只能支援一兩個終端機；而每增加一個終端機，記憶及磁碟容量的要求都會加大，因此電腦公司的說明書並沒有說謊。

甲公司要使用購入的電腦，便得多花錢購買額外的記憶及磁碟容量，因而大失預算。

這種情形的發生，主要有下列的可能：

——電腦推銷員急於成交，而客戶的預算又很有限，推銷員便隱瞞事實。

——電腦公司一時大意，未有核對客戶訂單。

可是，這種情形一旦頻頻發生，最終會損害電腦公司的聲譽。因此，核對電腦訂單是很重要的。

用人力去核對資料，是十分費時和繁複的工作，也很易出錯。因此，使用專家系統，便能得到很大的經濟效益。

3. 授權人助理（The Authorizer's Assistant）

授權人助理系統是由美國運通信用咭公司（American Express）發展的，主要職務是幫助授權人工作。

當持卡人持運通信用卡在任何商號結賬時，如果交易銀碼超過某一限額，商號便需與美國運通信用卡公司聯絡，並且取得授權碼（authorization code），才可進行交易。

在信用卡公司內有數百個授權人，他們負責查核持卡人的消費習慣，以斷定使用信用卡的人士是真正的卡主。

每次錯誤都會帶來很大的損失。如果公司認可某宗交易，但事後不能從卡主方面取回有關款項，固然會帶來直接的損失。另一方面，如果公司拒絕真正卡主的結賬要求，那麼卡主可能會在盛怒之下，轉用其他公司的信用卡。

授權人助理系統會將接受或拒絕的決定顯示於螢幕上，並且將有關支援決定的資料顯示出來，授權人可根據有關資料及電腦的意見而作出最後決定。

2.2.4 專家系統的局限

我們談過了一些成功的例子，看到專家系統有超越人類的地方，可是它仍然有不如理想之處：

1) 專家系統沒有學習的能力，不會從工作經驗中，自我改善推理的能力，也不能從新的見聞中，將新的知識自動加入知識庫內。雖然現時已經有人從事這方面的研究，但仍是起步的階段。

2) 一般專家系統的知識，都是由一個專家提供，那是因為由多個專家提供知識，去建立一個專家系統，仍然有很多難以克服的困難。

最普通的做法，是由一個專家提供知識，然後由其他專家對試驗原型（prototype）作出評估及批評。

雖然如此，一個專家系統基本上是代表一個專家的看法，不能達到集大成的效果。

3) 專家系統有時會缺乏深入的知識，例如修理汽車的專家系統，要判斷汽車那一部分有問題，很多時都使用純〝病徵〞→〝病因〞的處理法。例如看到有 A 及 B 的現象，便據以判斷汽車的 C 部分有問題。雖然這個判斷是正確的，對於修理汽車，也很足夠；可是，這條規則（rule）不能解釋為甚麼汽車的 C 部分有問題，便有 A 和 B 的現象出現。

　　要解釋這些現象，可能要輸入機械工程（mechanical engineering）、熱力學（thermo–dynamics）或者電子工程（electronic engineering）等知識。

　　要輸入這些深入的知識，會是很費時和十分艱巨的工作，因此，建立專家系統的〝知識工程師〞也避重就輕，採用我們剛才所說的〝病徵〞→〝病因〞處理法。但是，長遠來說，這些深入的知識是必需的，也是增加電腦專家系統學習能力的途徑之一。

4) 由於系統缺乏深入的知識，系統的解釋也會流於膚淺。我們再拿前面的汽車系統做例子，如果使用者問為甚麼 C 部分有問題，它便只能解釋看到了 A 和 B，而不能從理論出發，解釋 A、B 和 C 的關係。對於不了解 A、B 及 C 的使用者來說，這種解釋是很不足夠的。

　　擁有解釋能力的專家系統，會成為很好的導師，因此，專家系統將會對電腦輔助教育（computer assisted eduction）有極其深遠的影響。

5) 現時的專家系統，一般是獨立工作。換句話說，它不能和其他電腦應用系統交換資料，或者和其他專家系統、資料庫、電腦網絡或者外界的儀器互相聯繫。

2.2.5 專家系統的選擇

由於看到很多成功的例子，很多大公司都有興趣建立自己的專家系統。由於專家系統和傳統的電子資料處理系統不同，因此，選擇第一個專家系統時，必需小心考慮各種因素；因為第一個系統失敗，會影響機構內各人士對這種新科技的看法。這些因素包括：

1. 經濟效益

建立專家系統的成本仍是相當昂貴，因為建立系統的時間頗長，除了支援建立系統的軟件及硬件成本外，還要計算專家和知識工程師的大量時間。

因此，專家系統必須在其生命週期（life cycle）內得到極大的利益。

2. 認可專家的存在

必須有一個被人認可的專家存在，而他亦有時間和願意參與建立專家系統。專家必須在建立系統時積極參與，知識工程師要在開始前估計專家參與的時間。

3. 評估的準則

一個專家系統是否成功的評估準則，必須在開始建立系統前確立。如果不能夠確立評估準則，那麼這個專家系統是不適宜作為第一個要建立的系統。

4. 訓練成本

如果訓練新的專家的成本很高，或者不容易安排的話，那麼這個項目會成為一個好的專家系統，因為除了經濟效益外，它還可以訓練其他公司員工。

5. 工作壓力

如果專家經常要在緊急的情況下作出重大決定，例如爆炸、風災或水災過後，而他的決定又關乎人命，那麼他會受到很大的壓力。

人類受到壓力時很易出錯，因此這些項目往往成為很好的專家系統，因為電腦系統不會受情緒的影響。

6. 獨立工作

第一個專家系統必須能獨立工作，無需從其他網絡、電腦應用系統、資料庫等外界系統取得資料，才能作出決定。

專家系統能夠和外界的系統聯接，是研究工作者夢寐以求的事，但由於公司仍未掌握這方面的技術，作為第一個要建立的專家系統，是很不適宜的。

3

軟件工程學

劉建紅・香港城市理工學院科技學部

3

軟件工程學

3.1 軟件工程學（Software Engineering）是工程學嗎？

　　隨着電腦在過去三、四十年的穿梭機式發展，有關電腦各＂支派＂的名堂亦相繼湧現。比方説，一般為人熟知的從事電腦軟件生產的人員最常被稱為＂程序員＂（progammer）。而似乎是較高級的又有分析程序員（programmer analyst）、系統分析員（systems analyst）等。但最出類拔萃的似乎還有一個——軟件工程師（software engineer）。當然，這個稱號有點使人難理解，因為它把從事電腦程式編寫的人員變成是從事工程的人員了。而一涉及＂工程＂二字，人們更覺得命名似乎有誇大之嫌。

　　＂工程＂一詞在中文字義上解作＂工夫之進程＂。而在英文中 *Webster* 字典把它解作：＂將純學問的理解演化成實際應用的科學或藝術＂。根據這中、西方對＂工程＂的解釋或定義，儘管有些人堅持只把工程聯繫到可見實物如建築、水力、電力、機械等，而難以接納軟件工程學是工程學，但也無法反對生產軟件的過程、即可使日常運作步驟電腦化的程序是工程了。

3.1.1 軟件工程學的定義

　　軟件工程學其實只是在這廿多年才開始逐漸發展成為電腦科學範疇的一龐大支派。但如果説軟件工程只是生產軟件的過程，那麼它又與軟件發展（software development）或一般說的資訊系統的建立有甚麼分別呢？為甚麼它別樹一格的成為一個獨立支派呢？

要解答上述問題，我們先要了解一下軟件工程學的內容或定義以及它的起源。早在 1969 年鮑爾（Fritz Bouer）便提出了軟件工程學的定義。

> 開創和使用嚴謹的工程原理，以獲取可靠的、且實際機件運行效率高的、合乎經濟的軟件。

由此可見，軟件工程學的起源及發展是本於開拓有體系的原理，以期資訊系統能取軟件工程學的成果來應用在生產過程中。軟件工程學和資訊系統的關係，可以用家庭的角色作比喻：它們在電腦這個大家庭中，〝工程〞主內而〝資訊〞主外。大體來說兩者可有明顯的分工，但也有難以劃分的情況，一如家庭角色有時亦是難以在各方面一一劃清。

3.1.2 軟件危機

話說回頭，軟件工程學倒不是為要有理論而裝模作樣開拓的一個新學說。其真正的原動力是早期在軟件界出現的軟件危機（software crisis）。

軟件危機簡單說便是軟件從業員對龐大系統管理的無知與失控。所謂龐大系統其開發時間可長達三至十年，參予人數亦有十至幾十之多。而建造此等龐大系統便潛伏了如以下的危機：

- 軟件成品嚴重延誤，以致成本劇增；
- 製成品過時；
- 成品未能符合客戶要求；
- 成品的質量難以保證或統一；
- 成品過分複雜以致用家難以掌握及使用；

- 成品難於維修；
- 生產過程中軟件從業員流動率高①；
- 生產工具落後；
- 其他所需開發軟件積壓。

當然，從上述危機特徵所見，即使不是龐大系統——就算是普通大約需一年開發的系統，亦會潛伏這等危機。②

3.1.3 軟件的特點及其製作環境

要追究軟件危機的成因或要研究解決辦法，我們先要進一步了解軟件的一些與別不同之處及其製作環境的特點。

首先，軟件成品是不能捉摸的。不像汽車、房子、電飯煲等，軟件是要在電腦上運行時才能被顯示的。它也絕不是幾隻磁片。就好像我們說思想，它既不是實際的行動，也不是我們的腦袋。軟件也不單是那些程序的運行。它是抽象的。所以它的可量性及透明度便需用特別一套辦法去獲致。

軟件也確是可比喻人類的思想。它將原來一些人們工作的類型、系統轉成可在電腦處理、運行的模式。它既要能模仿原來系統的運作，又必須帶含由人手處理時的智慧。所以軟件可比只有單一功能（或頂多幾種功能）的電飯煲，然而它卻要比汽車、房屋的結構更為複雜。

軟件亦不像一些實物那樣會耗損而殘舊。相反，當軟件被發現有毛病而經過修理後，其可靠性反會提高，而不是變得殘舊。

軟件成品的生產過程更非像一般工業產品那樣需要生產線、請工人、購置零件等。主要的軟件生產過程在於工程師的設計上。③而軟件成品生產過程就像音樂帶只需錄印便成。但比影音成品更複雜的是，軟件還需要有售後服務（如諮詢）、維修及改進。

軟件除上述與別不同的特點，其製作環境也較特別。生產一種電飯煲，你可在短時間內造好第一個然後讓多方測試、檢驗，最後才決定是否進行大量生產。建築一座大廈，先要畫好圖則，還造了模型才正式施工。但軟件的製作卻不同。

假如我們要將一個會計系統搬上電腦運作，那麼為電腦編程的人員便先要懂得這個會計系統是如何運作。所以編程的人員自己或者找一個中間人來到會計部進行人手系統學習，分析並估計在電腦運行的可行性。但會計學本身又是一門學科。要中間人學習和了解現行制度，很易想像他會出現很多問題。而最常見的便是他與會計部人員的互相誤解。會計人員往往過分尊重這中間人的專業性，認為他也是個會計師般了解他們的運作而忽略了告訴他很多實際的運作和特別事項處理。很多時，還會誤導中間人把他那幾天碰到的少見問題變成是會計部經常性的大問題。再者，會計部人員又或許想像得電腦非常＂神能＂，寄予軟件超過現實的想像，以為電腦能代處理一切事項而忽略了會計人員本身的配合性。經常的，我們都聽到用戶這樣的要求：＂按一下按鈕，便把所有資料顯示出來；按一下按鈕，便把分析資料顯示出來；按一下按鈕……。＂

軟件生產組織內也很容易產生彼此誤解。例如，當我們有幾個人計算 25×25 時，儘管我們的答案都是 625，但我們的計算方法未必一樣。有些人可能是靠記憶 25 的 2 次方得出結果；有些人可能拿起紙筆算出來；亦有些人以心算的辦法，就是：因 $25 \times 4 = 100$，$6 \times 4 + 1 = 25$，所以 $25 \times 25 = 6 \times 100 + 1 \times 25 = 625$；除此，還可能有其他辦法。同樣對於達致用戶要求的功能，往往比計算 25×25 要複雜得多。這樣，解決辦法也可能是很多的。所以合作生產軟件的人員必須互相清楚明白彼此的解決辦法。

由軟件人員進行學習，至軟件人員想出解決辦法及在電腦實施的過程，即使一個普通的會計系統也需要起碼半年至一年。而軟件從業員的流動很有可能在這期間發生。且在系統運作後需維修時，負責人亦可能與原工作者不同。

為解決種種誤解和軟件從業員的流動問題，軟件的透明度必須通過各工作人員的＂說明＂而獲致。軟件工作人員往往需花去工作的一半甚至以上的時間做寫作。對於技術人員來說，這是最漫長、最痛苦的時刻。而且他們所完成的＂解說＂容易走向兩個極端：一便是太簡單，令看了的還是不明白；另一極端，則是過於詳盡、累贅，令正想看文件的人員單是看到厚幾吋的文件本（有的甚或幾本）便已嚇得停步不前了。

上述只是軟件及其製作環境的一些主要特點，但足以是軟件危機的萌發點。這便促發軟件界進行有系統的研究，去確保如何建立高質量的軟件產品。

3.1.4 軟件的質量及測量

提到質量，先要討論所指的是甚麼。質量的定義可有很多，最簡單直接的莫如：＂適符其目的而又可安全使用＂［Hea 91］。在這個定義下，小型的日本轎車與勞斯萊斯同樣會被認為是合乎質量要求的車；因為它們都符合本身的實際用途。

所以談到軟件產品的質量，便可說是應能符合用戶的要求。但從上一節看到，用戶未必懂得如何正確要求電腦實際運作，所以當考慮軟件應有甚麼質量時，更應針對潛在的電腦危機。麥考爾（J. A. McCall）在［McC 78］中便針對軟件三大方面訂立了十一種軟件的質量：

1. **軟件運作面** ——— ① 正確性（correctness）
   （software operation）　② 可靠性（reliability）
   　　　　　　　　　　　　③ 有效性（efficiency）
   　　　　　　　　　　　　④ 完整性（integrity）
   　　　　　　　　　　　　⑤ 實用性（usability）
2. **軟件可修面** ——— ⑥ 可維修性（maintainability）
   （software revision）　⑦ 靈活性（flexibility）
   　　　　　　　　　　　　⑧ 可測性（testability）
3. **軟件轉移面** ——— ⑨ 電腦通行性（portability）
   （software transition）　⑩ 再用性（reusability）
   　　　　　　　　　　　　⑪ 可接駁運作性（interoperability）

　　隨着電腦近年的發展，出現了更多的質量因素和標準。但即使訂立了質量因素的準則，不一定所有的軟件都被要求具備所有的那些質量。就如小轎車與勞斯萊斯，大家針對不同目的，在生產上達到相應的可接受質量水準，便算是好質量了，可見質量並不是絕對的。

　　但說及質量水準，我們怎麼可以量度、以數字來表示，然後斷定甚麼範圍算是可接受呢？這便牽涉到質量測量（metrics）。著名物理學家開耳芬勳爵（Lord Kelvin）這樣說過：

　　　　當你能對你所論及的作出量度並以數字來表示，你才是真正明白你所論及的。倘若你不能以數字表示，你對自己所講的知識便是貧弱不足夠的。也許這正是一個知識的起源，但你卻困在自己的思維中，幾乎不能進入那科學的新階段上。

　　由此可見測量的重要性。有了測量，軟件工程學才能夠成為一門更有理由的工程學。可是測量上述的軟件質量並不容易。近年有很多關於測量的研究。儘管並無太大突破，但這＂測量學＂

也越來越有系統了。例如，測量軟件運行的正確性，可記錄軟件一年運作的出錯次數。把這出錯次數與系統大小④或其複雜性作比較，得出的數字便可以表示軟件運作的正確程度了。可靠性更有許多統計學的原理、模型來推算。但有一些質量比較主觀性，便需請專人像選美那樣以帶有主觀的準則去評審了。

說及軟件的質量，要強調的是不能單說產品的質量，也必須有軟件生產的質量。因為產品是生產的結果。至於如何保證質量，可參看二、D 一節。

3.1.5　軟件工程的內容

由上幾節可見，針對軟件危機的軟件工程學除了鮑爾的定義所述及的內涵外，有很具體的內容。普雷斯曼（ R. Pressman ）在 ［ Pre 92 ］ 指 出 軟 件 工 程 學 的 主 要 範 圍 有 三： 方 法（ methodologies ）、工具（ tools ）及管理（ management ）。方法是為各生產步驟及整體生產提供成功途徑。工具是提供快捷、有經濟效益的輔助。管理則可使方法與工具有效地配合。管理更重要的是去推動發揮每個工作人員的積極性及技巧，因為人才是提供有質量系統的主源。瓊斯（ G. Jones ）在 ［ Jon 90 ］便具體地歸納了軟件工程的主要內容如下：

a. 研究一個有清晰理論及技術定義的方法用以發展及維修軟件；

b. 研究一系列屬於軟件成品及生產的質量規範、標準及測量準則；

c. 研究軟件成品及生產的規範（ discipline ）；

d. 將所有與軟件有主要關係的學科如電腦科學、管理學、數學、系統學、自動化理論等綜合去取得一個適用於軟件工程學的基礎（ foundation ）；

e. 訂定軟件成品的組合標準；

f. 發明及發展工具配合配件生產；

g. 探討如何再用⑤（reuse）現有成品或成品部分。

3.2 軟件工程管理

要生產有質量的軟件來應付、解決軟件危機，最重要的關鍵
是有效的管理。要有合乎質量的生產過程才會有合乎質量的產
品。管理包括生產步驟的安排、人員組織、各步驟成品（當然包
括最後產品）的質量保證等。通過本節對這幾方面的簡介，讀者
對軟件工程學當會有進一步的認識。

3.2.1 軟件發展的步驟

要管理軟件生產，首先我們要認識軟件發展的步驟。它可分
為以下六個主要階段［Jon 90］：

1. 分析（analysis）
2. 說明寫作⑥（specification）
3. 設計（design）
4. 實施（implementation）
5. 測試（testing）
6. 運行⑦（operation）

分析階段需要對系統進行了解學習。了解現有人手系統的操
作、管理，及判斷電腦化的可行性。說明階段便是對分析所搜集
的資料、研究結果及與用戶商討後對未來系統能提供的功能作說
明。這功能說明書對於用戶以後接收軟件及軟件工作人員的目標
起決定性作用。

設計人員根據說明階段寫作的功能說明書便可進行電腦化系

統的設計，然後軟件人員可從設計概念編程使系統實施在電腦上。

當所有的程序編好後，便可進行系統運行的測試。測試的目的除保證軟件的準確性，亦檢定系統的可靠性。因軟件無誤是不可能的，測試只能盡量把常用功能有可能出錯的機會降至可接受程度。這一階段亦決定系統正式移交給用戶（或發售到市場）的日期。測試後，軟件便進入到它的運行階段了。

以上對各階段的簡述也是傳統瀑布式（ Waterfall Model ）的處理步驟模式。這種傳統方式對每一階段或時期有明確的分工定義，管理人員較易進行時間計畫及進度估計。但如前階段工作出錯便會＂順流＂到其他階段，且產品要到測試才可能發現，造成不可估量的損失。對於大系統，這個模式風險頗大。而且由於軟件界已不斷累積和發展許多輔助工具、科技、方法，這傳統的瀑布式亦發展成以下幾種模式［ Jon 90 ］：

1. 速效樣板（ rapid prototyping ）
2. 漸進式發展（program growth/incremental development）
3. 零件再用（ component reuse ）
4. 極高程度語言（ very high level language ）
5. 運行式模式（ operational model ）
6. 螺旋式（ spiral ）

速效樣板側重盡快將系統在電腦如何運作的模樣給予用戶驗證。模樣的製作可能是重用以前某些軟件部分，或利用一些特別輔助工具如第四代語言、人工智能語言。製作過程並不理會系統運作的效率性，但求能讓用戶檢驗這臨時模樣是否用戶想要的系統。這樣便可大大減少了在分析時期出現的錯誤，不必等到系統設計、編程、測試以後才能檢驗。

系統每一部分以速效樣板驗證後，這樣板可能便會被廢棄了。但也可將模樣修整以使它成為有效率的成品。漸進式發展便是用這樣的方法。零件再用則是將舊有可靠的、標準的某些軟件內的可獨立零件，如計算平均值的函數、屏幕輸入的特別功能等嵌入新軟件內。極高程度語言即利用如第四代語言實施編程，大大減輕了系統編程及測試的時間。很多第四代語言更提供說明文件生成輔助工具，使說明時間也得到可觀的減省。運行式則類似速效樣板及極高程度語言組合。它是要求分析員在說明步驟中，做到讓說明本身便是可給用戶運作檢驗的。這個模式需要〝綜合電腦輔助軟件工程〞⑧的工具才可實現。

螺旋式〔Boe 88〕是貝姆（B. Boehm）提出的可說是綜合各模式而又把系統發展風險減至最低的軟件發展處理模式。所謂螺旋式（圖 3.1），是將笛卡爾坐標定為決定、估計、發展、計畫四個範疇。螺旋改在最早階段，決定進行系統發展與否。決定了便估計、分析並加上速效樣板檢驗。在速效樣板基礎上便可發展系統如何運作的概念或真正實行編程。有了這些結果。便開始計畫下一個階段的步驟。以後的步驟便循迴經歷這四個範疇，直至系統最後完成。

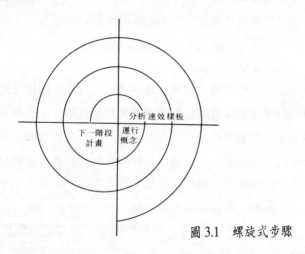

圖 3.1　螺旋式步驟

3.2.2 軟件人員及組織架構

　　管理軟件生產，決少不了要管理另一重要因素——人。在處理系統中，又少不了要有團隊工作（teamwork）。在團隊工作中，不但需要和有賴別人的工作，自己本身的合作亦是非常重要的。好像演戲一樣，有主角、配角，各盡其職而又不能缺乏某一角色。合作發展軟件的人員也有類似的角色。這些角色有時像主、配角，但有時又會像上、下集有不同主角。而且每一個人有可能要飾演幾個角色，有些角色又需要有幾個人合演，並無絕對。以下是軟件工程中所需的主要角色：

1. 經理（manager）
2. 分析員（analyst）
3. 設計員（designer）
4. 明細工作者（detail worker）
5. 測試員（tester）
6. 圖書館員（librarian）
7. 特別技術員（whiz）

　　經理負責起統籌及給技術人員創造一個生產效率高的環境。分析員負責對現有系統（人手的、或現有電腦系統）或一些需開拓的系統進行學習、調查、分析，然後訂定軟件成品所提供的功能。作為用戶及軟件發展組織的橋梁，分析員必須具有敏捷的思考，對新事物學習、吸納快的本領。又由於面對的用戶往往是公司的決策人員，分析員的成熟穩重亦需強調。當然他對電腦的認識也不可忽視。所以分析員不宜太年輕也不宜超過中年。這似乎對分析員有一定的年齡限制。幸而他們一般都能在未到中年末期已能晉升管理階層。

　　設計員肯定是所有角色中最有創意的一個。他的重要性有如占士邦片集中的007。在接受了一件任務後，他設計整個行動計畫。真正的設計員當然不用像 007 那樣身入虎穴，他可把設計好的工作交予明細工作者。設計員要把整個系統架構設計好然後再一步一步的對每一單元進行細緻的設計。設計員除了要有精明、具創意的腦筋外，亦必須極有耐力和毅力去落實各個細節及其連結。

設計員可借助特別技術員的輔助去認定各種機器特點，配合軟件的特性來設計。特別技術員對這些有特別純熟的技巧和認識，可減輕設計員繁重的任務。

明細工作者也就是程序員（programmer）或編程員（coder）。其主要任務便是將設計藍本正式以電腦來實行。測試員的工作是檢定系統的準確性。圖書館員負責收存所有文件、測試數據、測試結果、程式、日程計畫等。而在系統正式運行後若有系統維修、改進等，圖書館員更要負責處理好各樣不同版本（version）的有關資料。

以上便是軟件工程員的角色。但對於如何組織這些角色以能互相配合則必須有一定的組織架構來進行連合工作。〔Jon 90〕歸納了以下幾種主要形式：

1. 自然組織（natural team organization）
2. 無政府主義（anarchistic team）
3. 民主首領式（democratic leadership）
4. 官僚式（bureaucratic team）
5. 主程序員式（chief programmer team）

自然組織式可對應圖 3.2，這組合將技術性工作與一般工作劃分開來。設計員為技術員的領導，分析員是用戶與技術人員的橋梁。經理則管理其他工作人員以減輕設計員其他工作負擔。

圖 3.3 的無政府主義式充分發揮每個人的積極性。對於主動性強，能彼此有默契的工程人員，這可發揮他們最大的潛能。因

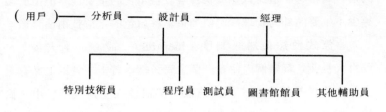

圖 3.2　自然組織架構

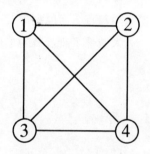

圖 3.3　無政府主義式

為每人都可按需要自薦成為某一軟件生產角色。當然，無政府架
構對未能符合上述條件的人卻會造成問題。例如，很多學生在校
參予團隊工作時，往往用此種方式。結果，他們發現其中不是有
些人太工作狂把所有工作納於一身剝削了其他同學的實習機會，
便是有些人完全不理會。即使大家能彼此正常地參予，在需作決
策時，由於大家都是" 平起平坐 "，遇到各持己見便使大家陷入
僵局。

民主首領式（圖 3.4）主要體現在不同的發展步驟中，以不同角色為領導，這比較能反映各階段各角色的重要性。但由於領導少不了要額外的管理，這便加重了各角色的正常技術性負擔。

　　官僚式便類似層級制度（hierarchy）設立＂十夫長＂、＂百夫長＂，每幾個人便有一個主管統轄；若干主管以上又有一主管。對於技術人員來說，這樣的架構使人感到很不自由、愉快。但由於在以上三種形式中，每加多一人便加多幾何級數的聯絡渠道，這種架構對於需要極多人員一起工作的龐大系統發展計畫，是可以減少聯絡溝通成本的。

　　在圖 3.5 中可察覺主程序員式其實是自然組織式的改良。它以設計人員作主程序員而為首，而以經理及一個＂代設計＂人員去管理以下的角色，大大減輕了設計員的工作負擔，使他可專注在設計上。

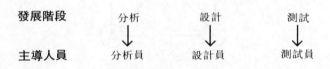

圖 3.4　民主首領式

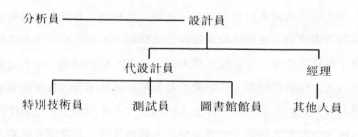

圖 3.5　主程序員式

3.2.3 軟件產品及發展管理

要進行生產，管理人員必須有良好計畫。管理人員應設立好人員組織及訂定各人的分工事項、訂立進程里程碑、軟件發展目標等。在發展的過程中，還要根據需求的變動或軟件組織內部的變動進行應變。

訂立里程碑不是經理可單獨決定的。往往要與分析員及設計員合作。管理人員另一主要任務是要設立質量保證的組織以加強軟件產品的質量及發展過程的質量。尤其是發展過程質量的提高，除能對成品有助外，還對軟件的修正、轉移方面的可能性起重要作用。如軟件的再用性，必須在設計時已開始考慮使其可拆性能夠實現。

軟件產品除最後移交與用戶用一系列的程式，用戶手冊，其他主要階段也有下列典型的中途產品：

1. 分析：系統計畫
2. 說明：功能說明書、系統接收計畫
3. 設計：設計說明、用戶使用初版

但這些都視乎不同公司會有所差別。為使大家能有統一的準則，一些機構便致力訂定和推行世界性的標準。詳見下節。

3.2.4 質量管理、質量標準及 ISO 9000

在一、D 中，我們看到了軟件的質量因素及測量。如何能使這些質量嵌入軟件當中卻屬於管理階層要努力的地方。因為質量不是可最後加到軟件上的，它必須從一早計畫，而且需要有一定的監管，在每一發展步驟中落實。

質量也並不是加多些成本便可取得的。那些沒有好好計畫、嚴重延誤的系統既花去大量金錢而往往亦是質量低劣的成品。軟件質量的主要來源應是（〔Dun 90〕）：

1. 人
2. 科技
3. 管理

在軟件發展的過程中,軟件工程師對現存系統及電腦運作都要熟悉。他對兩者的知識越深,便越有機會避免產品不符實際。可是,能對兩方面都熟知的人員不是一時片刻便可訓練出來的。例如,一個發展會計系統的軟件人員,他除了已花很多時間鑽研在電腦上,在分析、設計會計系統時亦必須懂得會計。而會計學本身又是一門可花上好幾個年頭去學習的學科。即使軟件人員不需太過深入知道如何應用,也要知道其基本原理、所在公司使用情形及如何配合在現有電腦上實現自動化。這等等的知識都需要公司在每個有關軟件人員付上大量培訓的投資。假如我們能減輕人員的流動,或能提供一些管理以減輕人員流動對系統的影響(因為種種環境因素,我們無法避免人員流動),便可對軟件質量及降底成本有所保證。

除了降低流動的影響,管理階層有更重要的地方要注意,那就是如何發揮每個人的能力去提高軟件的質量。管理階層應盡量為軟件技術人員提供一個能發揮其工作效率的環境,如減輕他們非專業性的工作管理、聯絡用戶等。

管理當然不只是對人,還應促進軟件工程師使用新的工具、科技去生產軟件。設立專門人員負責輔助新工具的使用也是一有效促進方法。

理論上,人、科技和管理是足夠取得質量的。但實際上,我們必須有一系列程序指明各方、各步驟的詳細內容。這個有關軟件質量的程序常被稱為"質量保證"。由此可注意到,質量保證並不是如有些人所以為的,是用來保證質量,它實際上是用來保證有關軟件質量的程序的有效性。

提到軟件的質量保證，我們也必須重申質量保證與質量控制（quality control）、質量監管是不同的。質量保證要確保工程師本身的專業性受到肯定，避免左右工程師本身專業的決策權。例如，在檢定一大廈的電力供應時，質量保證員需審核所有電燈、電源的位置是否一如圖則所示，電燈與電源的運作是否正常。保證員還必須提醒工程進度是否如期。但保證員不會對線路設計作出質疑。

質量保證是着重計畫而非事後的補救。以預防勝於治療為宗旨。根據 IEEE P730 的標準〔Buc 79〕，質量保證被定義為：

> 一份有計畫及有系統的情節模式，這些情節是所有必須的、能提供合適的信心使軟件遵行已訂的技術要求的措施。

質量保證的工作通常被指認為＂核實＂（verification）和＂證實＂（validation）。核實是確定我們正確地生產軟件。證實是確定我們生產出正確的產品。在電腦軟件發展過程中，由於可分成大約六、七個步驟（見二、A），一個步驟的中途產品便成為另一階段的＂原料＂或／和說明指示。核實便是在某一步驟中作出檢驗、對比，看看由一定的原料根據上一步驟說明指示產生相應的另一中途產品是否正確。

例如，造餅師傅着手造一個蛋糕時，他會按照由櫃員交給他的訂單指示選料和製造適當的蛋糕磅數，並在其上畫出訂單所示圖案。要核實造餅師傅是否製成一個符合來單的樣式，只要對比一下來單便可得知。但要驗證單上資料究竟是否顧客心目中或其指定的蛋糕模式，這個手續便不算是核實而是證實了。要進行證實，首先牽涉到記錄蛋糕模式的櫃員是否記錄正確。如一開始他便把＂祝 21 歲生日快樂＂中的 21 誤聽作 27 的話，即使造餅師傅根據訂單十足地造出模樣，也並不是顧客心目中的蛋糕了。最簡單的質量保證證實程序便是要求顧客檢定訂單的內容並加簽名以防錯誤。

在軟件核實過程中，標準（standard）扮演很重要的角色。每一與軟件有關的機構，都應設立關於機構、各種工作形式、工作程序、產品、中途產品的標準，以供核實及作為保證質量的一個途徑。尤其是對於可長達經年而未見成品的軟件發展，標準更是不可缺少。

從 1987 年起，國際標準組織（International Standard Organization）（以下稱為 ISO）便致力發展、推廣質量管理及質量保證的標準。今天的熱門話題之一便是關於它所制訂的 ISO 9000 的標準。

ISO 9000 實際上是一份關於公司機構如何使用標準來進行質量管理及保證的導引，而非一份要把所有公司、產品統一的標準。其導引對象主要分成兩類：

1. 內部質量管理（lnternal Quality Management）
   ISO9004 質量管理及質量系統元素──導引

2. 外部質量管理（External Quality Management）
   ISO 9001 質量系統──設計／發展、生產、安裝、服務的質量保證模型
   ISO 9000-3 專門為軟件的發展、供銷及維修如何應用 ISO 9001 的附加導引
   ISO 9002 質量系統──生產與安裝的質量保證模型
   ISO 9003 質量系統──最後檢驗與測試模型

這些標準、導引是由 ISO 下的科技委員會質量保證組（ISO/TC176）所籌備的。ISO 9000 為國際提供了一個有共通性的質量準則。能註冊並獲得通過成為其會員的更是對顧客提供質量保

證的信心。現在歐洲各國可進口的的貨品，其生產公司都必須為 ISO 9000 的成員。要登記成為 ISO 9000 的成員，要根據 ISO 9000 的導引為其公司編寫一套包括行政、組織、生產、產品等的標準手冊。然後交予負責登記的組織審核。如標準手冊被接納，便會有調查員查訪該公司的運作是否根據標準手冊執行。如發現有差異，調查員會作出報告發給該公司的質量管理人員。在一定的時間後，主調查員會召開會議宣布該公司是否能獲登記成為會員。考慮的主要準則視乎在調查期間所發現的差異是否嚴重。一般由草擬到能獲准註冊，為期約年半至兩年［Hea 91］。而該份標準手冊亦很細緻，除了一般生產過程外，會議如何記錄、市內出差服務人員應花的交通時間等也需詳細準確地列明在手冊內。

除了有一套標準外，負責質量保證的人員在系統開始時，亦應計畫系統質量的程度、生產進度里程碑、如何使用標準、各人應負的責任、測量的方法等。負責質量保證的人員應被授予對行政級人員有影響力的實權，以使其在執行任務時得到正確的重視和回應。

3.3　電腦輔助軟件工程

軟件成品為許多公司增添了無數生產、管理工具，使得他們的業務能更好地發展及易於控制。然而作為軟件工程師卻像鞋匠的孩子，由於父親趕着為顧客造鞋，這些小孩反倒要光着腳板期待父親為他們造鞋。

這種現象是不合理和極需改善的。從前幾節中，我們已看到電腦軟件發展的複雜性，如果不對這些步驟自動化或提供有效工具來輔助軟件發展，軟件發展肯定成為落伍一族，永遠追不上需求，更莫論為其他業務提供先進工具了。

在這二、三十年，軟件工程學已不斷掌握了軟件發展的規律，而發展軟件的方法亦越趨成熟和統一。隨着這發展，自動化、半自動化的輔助工具便發展起來。不少軟件生產公司積累過往發展經驗逐漸提供＂電腦輔助軟件工程＂（Computer Aided Software Engineering；簡稱 CASE）。這就是在軟件發展的過程中，提供電腦化的工具使這些步驟電腦化。

最初 CASE 只能針對單一的軟件發展步驟中的某一工序提供工具；例如為管理軟件進展的Harvard 軟件。它給管理人員在發展計畫、進程、里程碑、任務安排、工作進度等方面提供有系統的設定、畫圖及分析。又例如一些專門幫助軟件工程師繪製流程圖的軟件，為軟件工程師以紙筆畫圖的落後情形提供了改善的工具。

但這類的 CASE 只能對個別工序給予輔助，且工序與工序之間的自動化不能連結，可說對於解決軟件工程師在分析、設計、做大量說明工作、編程、維修等方面的沉重負擔，並無太多的實際幫助。

直至第四代語言興起，軟件工程師除得以減輕編程的工作量外，這一代的語言更發揮其連貫性的功效；再加上其附加功能，可根據在其上定義的系統結構，生成多種有關說明文件，大大減省了軟件人員花在說明寫作上的時間。第四代語言主要是簡化了屏幕輸入、輸出程序，或可說是對這些程式進行標準化後的電腦化，使得系統在設計以後很快能造成一個電腦系統。而根據在其上容易定義的數據結構形式、輸入格式、報表格式、功能選擇表（menu）或即是系統功能結構，再由一些特別功能去生成從前需用大量時間繪製的屏幕格式（screen layout）、報表格式（report layout）、系統功能結構、數據結構等。尤其是系統進行修改、改進時，這些自動功能更省卻重複而沉悶的工作。

但第四代語言只是在設計後或頂多在設計中才可開始發揮其功效。對於從一開始的分析工作以至設計工作並沒有實質的幫助。所以近年軟件公司亦致力發展涵蓋整套軟件的管理、分析、設計以至系統實施、測試、維修的 " 綜合電腦輔助軟件工程 " （ Integrated CASE ）簡稱 I–CASE。I–CASE 的目標是使整套軟件發展的自動化能取得連貫性。

目前，香港政府採用的 SSADM（ " 結構系統分析及設計方法 " ——Structured System Analysis and Design Method ）是 針對系統分析至設計的一種局部的 I–CASE 。但它未能達到從設計結果或甚至分析結果自動生成軟件系統。而其他一些有第四代語言如 Powerhouse, Oracle, Informix 的生產公司已積極向整個發展過程自動化的 I–CASE 作出非常樂觀的預測。在未來一、兩年，最少七成的電腦系統可自動生成於他們的分析、設計輔助軟件工具；如 Cognos 公司正在生產的 Power CASE。

如何利用 CASE 和 I–CASE 改善發展、加強管理，肯定是未來軟件工程學的一個主要課題。

注 釋：
①　根據香港行內人士估計，1987–1989 年香港軟件從業員的流動率高達 40%：1990 年開始放緩到 15–25%；其後幾年會保持在 10–20% 這範圍內，但近 1997 的一、兩年可能又會有很大的變化。

②　有關 " 軟件危機 " 所指涉的另一方面的情況，可參考本書第 10 章 " 程式語言發展之回顧與前瞻 "。

③　這設計包含了系統分析、系統設計、程式設計等。參看 3.2.1 " 軟件發展的步驟 "。

④ 系統大小一般以程序行數（line of code）來衡量。

⑤ 軟件再用也可作 a. 項（方法）的一個內容。

⑥ 只包括未設計前的文件。有些人把這階段歸入分析中。

⑦ 有些人把運行階段當作維修階段（maintenance）。但維修只適用於系統出毛病或需增加功能，所以還是稱為系統運作階段比較適合。

⑧ 參看第 3.3 節 " 電腦輔助軟件工程 "。

參考書目

[Boe 88]　Barry Boehm, "A Spiral Model of Software Development", *Computer* 31(5), 1988, pp. 61–72.

[Buc 79]　F. Buckley, "A Standard for Software Quality Assurance Plans", *Computer*, August 1988, pp. 43–49.

[Dun 90]　Robert Dunn, "The View from Above" (Chapter 1), in *Software Quality Concepts and Plans* (Prentice-Hall, 1990), pp. 1–14.

[Hea 91]　John Heap, "Quality and BS5750," *Management Services*, March 1991, pp. 22–23.

[Jon 90]　Gregory Jones, "Software Engineering" (Chapter 1) and "Software Management" (Chapter 2), in *Software Engineering* (John Wiley, 1990), pp. 1–111.

[McC 78]　J.P. Cavano and J.A. mcCall, "A Framework for the measurement of Software Quality", *The Proceeding of the ACM Software Quality Assurance Workshop*, November 1978, pp. 133–139.

[Pre 92]　Roger Pressman, "Software and Software Engineering" in *Software Engineering: A Practitioner's Approach* (3rd ed., 1992), pp. 3–36.

II
普遍應用情況

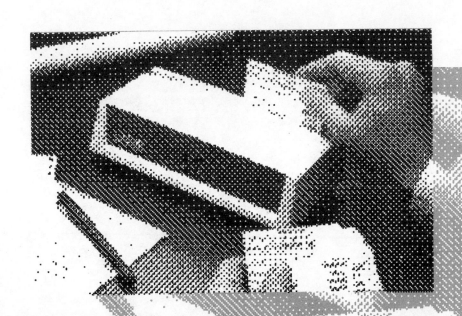

4 電腦控制鐳射激光科技

姚力堅‧香港理工學院會計學系

趙穎琦‧香港城市理工學院資訊系統學系

4

電腦控制鐳射激光科技

4.1 引言

　　從六十年代的早期開始，激光技術便一直處於急速發展的階段。今天，激光（或稱鐳射）的應用範圍非常廣泛，在娛樂方面，鐳射唱碟及影碟提供高質素的視聽效果；在生產方面，激光打印機使製作高質素印刷文件之成本下降，唯讀光碟增進了辦公室人員的效率；在醫療方面，激光亦可在手術中採用以醫治病人。無可否認，今日我們均生活在〝激光時代〞，這篇文章就介紹一下激光技術在各方面的應用及其優點。

4.2 視聽娛樂與激光應用

　　現今香港已經非常普遍地採用鐳射（激光）碟在視聽娛樂方面，差不多所有新的音響也配備鐳射唱機，為甚麼鐳射碟會這麼流行呢？以下我們略作探討。

4.2.1 鐳射光碟

　　1972 年，西德寶麗金唱片公司成功地將頻率訊號轉為凹凸訊號，並儲存於碟片的洞坑上，鐳射光學式的碟片數碼音響正式誕生。要製造一張鐳射碟，首先要將凹洞壓鑄在透明塑膠物料上，然後加上一層極薄的鋁層，再加一瓷漆外衣包裝，最後將兩塊製成品合起來，便成為一張雙面的鐳射光碟。

透過鐳射激光，我們便能讀取鐳射光碟上的資料，它所放射的紅外線光，被一稜鏡折射後到達一目標密透鏡上，形成一極小的聚焦點落在碟的底部，光線隨原路反射回來，被一光敏感二極體所檢測，由於光線從凹洞處反射回來的比從平面反射回來的弱，藉着光線的強弱，便可以產生一系列＂開＂或＂關＂的脈衝，而取得鐳射光碟上的資料。

4.2.2 鐳射光碟機與傳統唱盤的分別

在轉盤速度方面，傳統唱盤是恒定轉速的，但鐳射唱碟機則為恒定線速度，即是順變的，而且播放是從內側圓周檢取訊號開始，向外側圓周（外緣）方向移行。這與傳統唱盤從外側圓周開始檢取訊號而向內側圓周移行的情形相反。此外，鐳射唱機的唱頭是碟下操作而以光學式檢取訊號；而傳統唱盤的唱針則在碟的上方檢取訊號。此外，鐳射唱碟機具有比傳統唱盤更多及更複雜的操作性能，例如快速放映或反向放映等。

此外，鐳射唱碟機可以接駁電視，作教育或工業放映的用途。鐳射能把影音的訊息儲存在光碟裏。每張光碟上均有很多軌道，這些軌道是用作儲存訊息的。操作上由於是以光檢取訊息，所以沒有直接的接觸，光碟本身亦不會磨損。一般影碟，容量最大能儲存一小時左右的電影。光碟的好處是它所儲存的訊息既不會被刪除，又不容易損壞，即可永久保存資料而不會有損效果。但唯一美中不足的是使用者不能自行錄音或錄影在一般的光碟上。

4.2.3 鐳射唱碟

近年人們喜歡選擇不同組合和設備的音響，因為現代的音響組合容易操縱，而且又能產生良好效果。一般喜愛音樂人士都特別欣賞鐳射唱機，因為透過鐳射唱機所播放的音樂音質優美，重播效果真實，是一般盒帶機不能媲美的。加上鐳射唱機價格相宜，在香港這個人人都走在時代尖端，事事要求最好享受的地方，鐳射唱機肯定越來越流行。

鐳射唱碟之興起，亦使汽車音響的市場益見蓬勃。現在人們不單要求家裏有一套完善的音響，同時亦希望可以在寧靜的車廂內，欣賞喜愛的音樂，以解除一日工作的疲勞。由於人們在這方面的要求提高了，間接刺激生產商不斷研究、改良產品，務求能製造更完美的鐳射唱機。例如具有超薄機身，手提式汽車兩用鐳射唱機等。雖然在香港這彈丸之地，汽車音響還不能媲美外國，但以目前港人消費力之高，足使汽車音響的市場有足夠的發展潛力。

其實，鐳射唱碟面世以後，由於這門新興行業的興起，已使另外一些行業日漸式微。在八十年代中期，黑膠唱碟的銷售量直線下降，引致香港最後的一家製造黑膠唱碟的製造商在 1991 年也宣布停業。

4.2.4 鐳射影碟

由於鐳射光碟能儲存大量資料，所以不僅能應用在聽覺方面，在視覺方面的發展亦一日千里。鐳射科技在視覺方面應用的初期，鐳射影碟仍未普遍，這是由於鐳射影碟推出時，錄影帶在市場上已有一定的勢力。因為錄影帶的製作成本相對地比鐳射影碟低，導致錄影帶與鐳射影碟的價格相差非常大。人們只需付出極少量的金錢，便可在一般的影視中心租入一盒錄影帶，然後安坐家中欣賞電影，是以鐳射影視的發展一直未如理想。

然而，近年一項新興娛樂行業，令形勢大大改觀。這門新玩意就是〝卡拉 OK〞。製作公司運用鐳射影碟儲存高音質的流行歌曲和畫像，讓人們可隨意挑選歌曲，一展歌喉。由於〝卡拉 OK〞的普及，使鐳射影視器材亦日趨平宜，吸引了不少人購買影碟機，在家中大開其個人演唱會。雖然〝卡拉 OK〞亦有採用錄影帶，但鐳射影碟的音色完美和隨意選曲等功能，令其佔得很大的優勢。

鐳射激光的發明的確創造和刺激了許多不同的行業。在娛樂方面，除了鐳射唱碟和影碟外，聰明的經商人士亦不斷發掘更多鐳射科技的用途，一方面可以滿足人們的要求，另一方面又可以賺取更多的利潤。例如在香港的天星碼頭，便有一家專賣鐳射裝飾的商店。那裏有一些鐳射畫，當人們從不同的角度欣賞時，便會產生不同的效果，實在十分有趣。尤其是人像畫，竟然可以產生喜、怒、哀、樂等幾種活生生的表情。此外，喜歡聽演唱會的朋友，有沒有留意主辦商為了增加現場氣氛，都會採用鐳射激光來營造效果。所以鐳射的發明的確為我們增添了不少生活情趣。

4.2.5 光碟

大量儲存資訊的技術，可以說是由於光碟的研製成功，而得以大大改進。近十年的一大突破，便是光學記錄（optical recording），是利用鐳射激光把大量資料數據，在瞬息間寫於光碟上。這種先進技術，可儲存不同形式的資料數據，如聲音、影像及文字等。

光碟最初是由一家荷蘭的電子公司——菲利浦公司所研究及發明。後來，在日本的新力公司的協助下，光碟技術的發展更趨迅速。光碟原是用作錄下電影，但近年來，光碟用於儲存資料數據方面更趨普遍及流行，主要是光碟技術經過不斷的實驗及研究，已經有了基本的突破。它的儲存容量已經大大提高，比傳統的磁碟高出多倍。

傳統上一般取讀數據檔案的方法，是借助 5.25 吋或 3.5 吋的磁碟機去選讀已注寫在磁碟內的獨立數據庫或程式。磁碟機利用磁頭在磁碟表面移動的原理，去讀取其所需要的數據及資料。正因為磁頭的經常性轉動及與磁碟面的接觸，會導致磁頭磨損，以致選讀資料不正確，或令磁碟因而受損，形成數據無法重選等嚴重問題。對於大型電腦系統而言，為避免上述種種情況，數據的妥善保存及製作拷貝的工作，更成為極其繁苛及重要的項目。此外，若個人電腦硬盤的記憶容量接近飽和時，目前唯一的辦法，就是購置另一部高記憶容量及高操作速度的硬盤以補不足。正因為這些理由，以一連串半導電體的連貫的激光去選讀或注寫數據之光碟，正可大派用場。

一般光碟可分為三大類——唯讀記憶式、一寫多讀式和多次讀寫式。論普及性，唯讀光碟遠超其他兩者。市面上的唯讀記憶式光碟可儲存約達 600 兆字節（MB）的數據資料。然而，唯讀記憶式的光碟有一大缺點，就是所有數據資料只能於生產過程中記錄，使用者不能再輸入新資料。另外，光碟在讀寫時所需的時間，亦比一般傳統磁性媒體為慢。

無論如何，唯讀式光碟的應用不僅在電子傳訊方面，更拓展至醫學的病理診斷上。病理學家現在可抽取化驗樣本的顯微鏡承物玻璃片的影像，跟唯讀光碟上記錄的進行比較，從而作出診斷。

一寫多讀式光碟是由高聚碳化合物或硬化的玻璃代用物組成。其記憶表面是由一高反射物質——高聚化合染色體或太空合金造成。一層透明膠質佈滿一寫多讀式光碟的記錄表面，目的是保護其記憶媒介，避免它意外損毀。正因它只能被注寫一次，正適合用於永久和須實質的永不被侵蝕的**數據資料**儲存上。注寫時，激光會順序注寫數據，注寫光束會在記錄表面上燒下一個凹窩以記錄數據，凹窩會改變原來的高反射物質的反射程度，而調整選讀光束的能量放射，不同的記錄表面形成物會有不同的反射率或光束熱能放射度。光度感應器接收反射光束，當選讀光束照寫記錄表面，連串大小不同的反射光束，會被接收及經由一特別電子電路，把反射光束轉譯成二分化的電腦語言。雖然一寫多讀式光碟可安全地儲存大量數據資料，但因光碟一經光束照射注寫，便不能重新注寫，所以其價錢比一般光碟昂貴。若選擇使用一寫多讀式光碟作儲存媒體時，必須考慮**數據**的耐用性及其使用頻率。

可多次讀寫式光碟仍處於研究階段，但發展非常迅速，磁發電光碟機是其中一種。在普通室溫下，它對磁化作用並無任何反應，其抗拒改變力稱為強制性。但在高溫約 150°C 左右，記憶物質強制性變成零，物質便可以被磁化作記錄用途。故此，**數據**可以重新選寫，光碟記錄也可以多次刪改，成本亦較輕。

近期在美國推出的一種電子捕捉光學記憶，是運用激光儲存數據的光學儲存系統。其光碟表面均塗上一層磷質物及地球稀有物，當藍色激光射向光碟表面時，電子會因激光的能量而變得活躍，並由低能量層跳上高能量層。附於光碟表面的地球稀有物就會吸取了活躍的電子，形成獨有的原子排列形式，繼而把數據資料記錄。要選讀數據時，便利用紅外線射向光碟表面，激發被吸取的電子跳離地球稀有物的原子返回原來的能量層，而過程中就會以光線形成發放出多餘的能量。人們只需讀取這種光線的光暗形式，便能選讀當中的**數據資料**。相對於目前使用的光學儲存磁碟而言，這種光學儲存系統不但能增加儲存容量，而且更增加其耐用性，不像現在的光碟，若要抹掉已儲存的數據，必須依賴熱能，久而久之會對光碟造成損害，而電子捕捉光學記憶絕對沒有這種弊端，因而可以進行無限次數的記錄及消抹程序。

這些光碟的出現，不僅令數據資料的儲存更可靠及耐用，而且亦大大提高了記憶容量。比較同一大小的光碟和磁碟，光碟容量接近一萬四千兆字節，是磁碟容量的十倍以上。加上光束的快速選讀功能，令數據資料更快被選讀，加快了繁重的辦公室文件翻查程序。

4.3　激光的醫療作用

4.3.1　激光治療法

近年來，激光在醫療方面的用途非常廣泛，很多普遍的外科手術都使用激光進行。主要原因是激光手術只需短時間的訓練和實習，便能熟練運用，所以一般外科醫生都會很容易掌握使用的技巧；其次是激光能減少傷口過量出血和病人的痛楚；此外，在某些手術中使用激光，更能使康復期縮短，減少病人的留院時間。以上這些都是在醫療上使用激光的好處。為了更清楚激光在醫療上的有效程度，筆者將會深入探討激光在癌症、膽石和眼睛這三方面的用途。

1.　激光治癌法

今天，使用激光來醫治癌症的情況已經很普遍，很多患有初期食道癌或腸癌的病人，經過激光治療後，都有很明顯的好轉。其中更有部分病人的身體在五年內已證實沒有癌細胞的影子。

事實上，用激光來醫療癌症確較傳統的醫治方法為佳。首先，如果用傳統方法來醫治癌症，纖維管會導致血管或黏膜受到損害，但使用激光治療法就可以減低或避免受損害的機會。其次，使用激光亦可以減少治療時間。此外，由於激光的分散和導熱能力低，故較為易熱，所需的電能亦相對減少了。最後，也是最重要的是，用激光治療法能減低病人在接受治療時所受的痛楚，以及減少一些不正常的腫脹現象。

雖然用激光方式來治療癌症有很多好處，但由於它始終是一種較新的治療工具，很多地方還有待改善。

2.　激光治療膽石法

在治療膽石方面，可用激光科技切除膽囊而毋需經剖腹切除膽囊。使用激光治療法，醫生首先會把一支腹腔鏡經由病人肚臍放入腹內，然後再用激光將肝臟外層有毛病的膽囊切除，並隨即把有毛病的膽囊從切口取出。

雖然切除膽囊手術不一定要採用激光，但假若膽囊佈滿膽石，使用激光對手術幫助很大，因為那些堅硬的膽石會阻礙一般手術進行，而醫生亦很難在膽囊的小洞中把膽石拿出。在這種情況下，使用激光便會有很大幫助，由於激光可以通過腹腔鏡進入膽囊，把膽石擊破成小粒，使病人易於把膽石排出體外，若在手術中使用這種方法，可減輕病人身體的痛楚。根據統計數字顯示，使用激光切除膽石的成功率超過九成，而普通外科切除手術的成功率只有六成。所以在切除膽石的外科手術方面，激光是值得推廣應用的。

3.　激光矯正視力法

在視力治療方面，激光科技可用作矯正遠視、近視、白內障、慢性青光眼及其他一些需要外科手術矯正的眼疾。在 1991年 11 月，一部價值三百萬港元的激光系統，正式在香港沙田威爾斯親王醫院裝置。這類激光系統在美國進行研究已有三年歷史，初期是用白兔進行試驗，成績令人滿意，之後才開始在人類身上試驗。香港至今已有數百人接受了這項手術。這個系統的運作，首先是將病人的資料輸入激光機的系統內，然後根據病人的資料去計算激光的強度；此系統並具有一種自動追縱眼球位置的功能，當激光接觸到病人的眼球後，只需要 20 至 30 秒時間，激光便能將眼角膜剃去 8–10%，使眼角膜改變厚度和弧度，讓焦點重新正確的落在視網膜上。此外，這個系統還有一個驚人的效果，就是它能令病人的傷口在一小時內痊癒，而且能保持視網膜清澈和眼表皮完整，更重要的是病人在手術過程中並不會感覺痛楚。過往應用的第一代激光科技會對病人產生副作用：病人眼角膜的傷口會導致眼角膜模糊、感染和出現疤痕等。幸而，現在這個新的激光科技能瞄準及分開一個獨立細胞，所以並不會留下任何傷口，這樣當然比第一代的科技更為優勝了。

發明這激光系統的大衛梅立表示，該系統目前只能矯正 700 度以下的近視；而在全球曾接受此手術的萬多人當中，成功率超過九成；少數人效果未如理想，主要關乎個人生理因素，使已被手術割除的部分後來再生長出來。香港中文大學眼科學系亦正研究該治療系統。該系何志平教授說，激光治療近視的確為病人帶來很大的希望，但該方法會否產生不良的反應，及其長遠效果如何，仍尚待驗證。

4.4 多媒體的誕生

多媒體是將音響、圖象、動畫及文字傳送等緊密地聯繫起來。多媒體一般都需要甚大容量的記憶體及磁碟機來作支援，可惜一般個人電腦用的磁碟機往往不能滿足這種要求，因此，大容量的光碟便應運而生。一隻 12 釐米直徑的光碟，除了體積輕便及不易損壞外，它的容量更是一般軟碟的 200 倍。光碟於多媒體中，粗略可分為三種：一是數碼音響，即是播放普通收錄了的音樂或歌曲的光碟。另一是應用軟件，由於軟件本身的＂體積＂也相應增大，一些軟件（特別是動作遊戲）需要畫面及音響同步時，光碟便大派用場。三是大容量儲存資料，一隻 12 釐米直徑的光碟便可儲存大約 128 幅解像度為 1,024×768，有 256 種顏色的圖像了，而一隻 5.25 吋直徑的軟碟卻只能儲存約 5 幅相同類形的圖像而已。

大約三年前，當香港的個人電腦用家還是利用兩聲軌電腦介面來播出立體聲時，一項嶄新的產品——＂聲霸卡＂便面世了。它不僅可以作數碼及模擬混合器，更可作八聲軌及四種人聲的模擬。最近，＂創作實驗室＂製造了＂聲霸卡＂第二代。它集合多種功能於一身，例如新版本的＂聲霸卡＂，接駁電子樂器的介面、光碟唯讀記憶機及附＂高窗＂3.0 版的軟件。

4.5 桌面印刷時代

桌面印刷為印刷和廣告行業帶來革命性的改變，亦能帶來更佳的印刷效果。但它往往面對資料儲存的問題，而光碟正好可以改善這情況。唯讀光碟可以用來發行大量資料，而複寫式光碟則可用作後備儲存。選用唯讀光碟的原因有三，首先是成本，唯讀光碟是三種光碟中成本最低的。另外，這類資料並不需要改動，所以用唯讀光碟已足夠。最後的原因就是標準。三種光碟中只有唯讀光碟擁有一個受廣泛接受的標準。亞杜比（Adobe）出版的字體庫裝有 1,000 種字體，而珊瑚繪圖光碟版有比軟碟版多 56 種字體和超過 10,000 個圖案和設計，能刺激設計師的創作靈感。

4.6　新一代圖書館資料庫

　　沙田及屯門中央圖書館的參考圖書館，現已添置多種唯讀光碟資料庫。讀者可利用館內設置的微型電腦，即時查閱資料庫所儲存的各類資料。圖書館現存有 15 種唯讀光碟資料庫，內容包括藝術、人文科學、社會科學、商業財經、科技、電腦科學等不同科目的資料。

　　為了提供最新之資料版本，圖書館方面會定期更新各資料庫。此外，使用唯讀光碟是十分容易簡單的，更不需要任何特別訓練，讀者可從多種檢索的途徑來翻查資料。而沙田及屯門中央圖書館更定期舉辦研習小組，介紹各種唯讀光碟資料庫的使用方法。

4.7　結語

　　激光的用途真是非常廣泛。本章僅介紹了鐳射激光幾個方面的應用，在可見的將來，鐳射激光的應用會更加普遍，價錢亦會越加大眾化，這點對各界人士來說，也是一個極好消息，就讓我們一同步向這個激光世界。

5

資料分散處理能力

游紹裘・香港城市理工學院科技學部

5

資料分散處理能力

　　電腦面世以來，一向採用中央系統處理信息數據，要將輸入資料轉為信息，通常得借助一部大型的電腦；直至七十年代，人們才開始應用資料分散處理（distributed data processing）系統。這種系統把個別處理程序編排分佈，形成陣列，這陣列可包括來自不同廠商所供應的處理程序。資料分散處理系統本身並非一項必需品，但它是一種工具，可滿足我們的需求；只要我們稍為留意，自動櫃員機（automatic teller machine）便是一個好例子：我們把卡插入櫃員機後，按鍵輸入私人密碼，櫃員機即時核對無誤，然後我們按鍵選擇所需服務，櫃員機隨即將信息傳送至中央資料處理中心繼續辦理。從這例子可知，自動櫃員機本身不是一項必需品，而是該機所提供的服務切合我們的需要，提高銀行的競爭力；自動櫃員機可由人手代替，不過成本要大大提高，因此利用自動櫃員機提供廿四小時銀行服務，可說是較為合算的。

　　任何工具皆有其利弊及其難題，資料分散處理系統也不例外，茲分別簡述於後。

5.1　資料分散處理系統的好處

5.1.1　降低成本

　　資料分散處理系統的主要好處就是能降低成本。八十年代初期以來，小型及微型電腦的改良速度，均遠遠超過主格電腦（mainframe computer），處理程序年年推陳出新。小型電腦的生產周期非常短，市場競爭劇烈，售價得以維持廉宜。

資料分散處理系統可使通訊電腦的體積大大縮減，這種好處在主機與終端機距離遙遠之時特別顯著。要是把主機某部分功能分離出來——就以資料編匯（data editing）為例吧，資料的傳遞量即便顯著減少。

無論硬件或是軟件的裝置，均可有指定的目的：例如貨品批發部門想要得到銷售點系統（point of sales system）的資料，其他部門則不需要此類終端信息。此外，某一部門的運作情況及政策施行也可只限於該部員工知悉，由公司內部員工自行設計的軟件可使業務更專門化。

電腦的配件諸如程序處理、打印機、掃描器等均可聯成網絡，透過這些網絡，人人皆可使用，而公司方面可減少添置這種設備，如此可達至物盡其用。

就購置電腦設備方面，資料分散處理系統可使不同部門因應自身的需要而非根據部門的規模作決定；例如，市場部門比起會計部門來說，員工隊伍龐大，但所需的電腦運算時間卻少得多。

此外，重複應用程序上所費的工夫可減至最低。就以總公司與分公司來說明這種情況吧，儘管各分公司存有差異，但仍可與總公司共用一個薪俸職級系統，如此公司可節省不少金錢和時間。

5.1.2　運作可靠

資料分散處理系統由不同的硬件、軟件、資料等組成，由於數量有餘，若遇一部電腦失靈，則可由其他補上，雖然反應時間（response time）及作業完成時間（turnaround time）受到阻延，但整體運作不致陷於停頓。

　　就應用系統設計來說，資料分散處理系統較中央系統更為簡便，因為事實上中央系統一定要兼顧全面，盡可能設想到偶發事故，故只能因應各部門大略相似的要求；相較之下，資料分散處理系統卻能配合所在單位的需求，軟件隨而得以簡化，程序相應減少而運作更為可靠。

5.1.3　反應靈敏

　　由於大多數程序都是就地運作，反應時間及作業完成時間可以節省下來，用戶不必經過網絡上的電訊傳遞；倘若某地點與中央電腦中心相隔很遠，通訊聯繫又有賴於電話線，而電話線在資料傳遞方面相對較慢，則上述優點更為顯明。

　　採用資料分散處理系統可即時將軟件作次要的修正，不必作廣泛的勘查。中央資料處理系統卻不然，即使次要的修正也得大費周章；大多數公司均需建立很多系統（a back log of system），因此系統回應修改的時間不得不延長，而軟件的每一項修正都由系統分析員經過一系列的勘查才可進行。在資料分散處理系統內，修正工作可由部門本身負責，因為用戶對每日的運作及程序的維持調控自如，因此應用軟件都能適應環境的改變，而輪候及勘查時間得以節省，這種系統得以反映目前的各種需求及多項程序。

　　如果每一部門均有員工專責軟件發展的話，該員工會擴闊有關行業的知識，同時亦有利於電腦化的發展，例如：會計部門的軟件發展員不必精於市場及生產的知識，亦可容易了解會計部門的需要及面對的難題，如此在分析系統之時及電腦系統處於設計階段之際，向軟件發展員解釋某一專業問題時，可省卻時間及避免困惑。

此外，電腦用戶可充分掌握本身所擁有的資源，用戶可不必與他人共用一個程序系統，因此在應用方面可不受他人干擾；這比起中央系統來說，自然較為有利。

5.1.4 效用廣泛

資料分散處理系統只需添加小量的程序即可有新的應用，整個系統運作容量得以提高。

如果一個大型電腦附設在網絡上，則中央資料處理系統及資料分散處理系統各自的優點可兼而得之。

5.2 資料分散處理系統面對的難題

5.2.1 整個系統的複雜程度

整個系統必須能夠同時接收相同資料，此外，也要在電訊傳遞方面安排優先次序。

5.2.2 行政方面

由於每個部門均可自行發展本身的應用程序設計，不需經中央主機審核，軟件的增加因而難以控制，一些程序可能不會配合公司整體的業務目標。

在不同的崗位上，公司需聘請多些業務計畫及軟件發展等等員工。另一方面，軟件發展的統一標準難以釐定，而系統建立的品質亦難以調控。即使聘得難求的經驗人才，隸屬部門的軟件發展員工會碰到職位升遷的問題，這是因為管理階層的職位實在有限，這與大規模的軟件發展部門不同，那裏可以有大量的職位需要填上，諸如計畫組長、經理、董事等等。

若中央調控能力薄弱，則各部門會建立與中央主機不協調的軟件，購置不同牌子的電腦配件。硬件的牌子不同，專於某種牌子的員工進行維修時，便要認識其他牌子的特性。例如：IBM個人電腦與相類的品種雖大致相同，但內部結構卻相異。

5.2.3　保安方面

電腦分佈不同區域而配件欠缺適當的保安系統，倘遇盜竊及蓄意破壞，要補充某類硬件則成本大增。公司資料的保安費用更加可觀，這些資料可包括多種多樣的機密，諸如顧客資料及銷售情況，這些資料一旦失竊，可導致公司損失慘重。

5.2.4　標準釐定

採用不同牌子的硬件時，需就一些性質作標準釐定，終端機的類型亦應一致。舉例來說，一些系統採用 VGA 顯示屏（VGA display）而另一些則採用 CGA 顯示屏（CGA display）的話，得出來的軟件品質樣式較低，這便削弱了高品質樣式的顯示屏；此外，所有的機件均需有相同的資料傳送方略（protocol），以便融匯於整個網絡中，使用 X.25 protocol 的機件與使用 TCPIP protocol 的機件不能相互聯絡；還有，資料庫管理系統（database management system）之間需互相配合，令不同部門均可共用資料。

5.2.5　資料的管制

在某部門或是在某公司內，資料可在某一段時間被視為機密。要是資料散佈各方，要防止洩漏信息便顯得困難了。若多人可接觸同樣的檔案，則檔案保持一致可確保資料的完整；若多人將紀錄觀察、跟進、加插、刪減的話，則系統需能同時兼顧處理程序。

遇有系統受到破壞的話，我們需要建立一定的程序確保恢復失去的紀錄，這就需要對所有具體情況作出定期支援及緊急應變兩種計畫。

不同國家可能訂立不同法例保障資料私隱權及軟件版權，因此，跨國資料的傳送需因應當地的法例。

5.3　由中央資料處理過渡至分散處理系統

欲以資料分散系統取代中央資料處理系統，要考慮兩項主要因素，分別為社會因素及技術因素。

5.3.1　社會因素

這包括兩種主要力量：電腦知識的普及程度與企業內部的結構情況。人們對於電腦的應用頗易接受，亦有相當的認識，現時大部分中學高年級均設有電腦科，而一些學校更提早開設。另外，很多企業屬於合作性質，需要共享資源及信息，如分公司及跨國公司皆是。資料分散處理系統可提供兩種方法任選其一：建立新的系統或將先存的系統併入企業內部的結構內，而那先存的系統須本身顯示共享的模式。

公司結構基本上可分兩大類，一是直系式，而另一是集團式。直系式結構包含多個單位，諸如財務、會計、生產及出入貨管理、銷售及市場、人力資源、運輸等等部門，業績表現有賴各單位的配合，於是需要高層管理督導各單位的表現，並且指引公司發展的方向，公司業務蒸蒸日上之時，自應採用分配管理制度，透過分配管理制度，各單位可自行制定計畫及預算財政。另一方面，集團公司由互不統屬的子公司集合而成，業績表現互不相干，不過子公司內部可有直系式結構，有直系式結構的公司通

臺北 10036 重慶南路一段三十七號

謝謝您惠賜寶貴意見

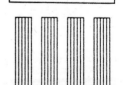

常在資料分散處理系統中有相當強的調控能力，由於處於頂級位置，可以就公司的整體電腦政策作決斷，並保證正確執行。這樣的公司結構可以確保本身各程序處理系統均可互相配合，而這些程序處理系統的互動程度又可以影響公司的盈利政策；此外，還可訂立標準以供全體參照，本身程序處理系統對公司整體的利益亦可得到恰當的評價，架牀疊屋的情況可以避免，而系統更可適用多於一個的單位。

儘管集團公司看來適合於採用資料分散處理系統技術，事實卻不然，這是因為各子公司有其內部組織結構，相互合作的可能性很低，因各自的獨立性而共享資料也非必須。然而，基於子公司內部直系式的結構的特點，各子公司可以應用各自的資料分散處理系統。

5.3.2　技術因素

技術因素可分兩部分：信息處理與電訊傳訊。電腦體積日見縮小但兼容性不減，今天一台座枱式電腦（desktop computer）甚或一些記事簿型電腦（notebook computer）的程序處理能力均能輕易勝過十多年前舊式機組型電腦（mainframe computer），小型及微型電腦不但程序處理的能力提高了，它們的售價亦顯著下降。至於電子傳訊方面，一向有緩慢與價昂兩大缺點，不過最近快捷、廉宜可靠的科技已冒起，廣區網絡系統（Wide Area Network，WAN）在傳訊方面變得更為快捷穩當，而本區網絡系統（Local Area Network，LAN）的傳訊速率更可發展至每秒 1–10 megabits；應用於廣區網絡系統的技術（諸如纖維光學）亦推展到本區網絡系統，使更快的傳訊速率得以實現。尤有甚者，一些公司更結合中短波傳送（radio transmission）及記事簿型電腦兩項尖端科技而應用於 LAN 之中。隨着網絡科技的發展，一種新的架構現已推出，名為"客戶——服務者"（client-server），這種架構用於傳訊上，受訊者為顧客而提供訊息者為服務員。

5.4　分散操作系統

對於今日操作系統軟件的要求，一個分散電腦運作系統（distributed computing environment）是不同於非分散系統（non-distributed environment）的；原因之一是分散系統內的電腦存在差異，其二是一個分散系統處於一個瞬息萬變的境況中。分散處理系統基於下述原因需以嶄新的科技去建立多個操作系統（operating systems）：（1）傳統的操作系統過於複雜；（2）附加服務顯得困難；（3）配合一個新的硬件架構是一項挑戰；（4）在不同層次上分散系統需得到支援；（5）應用範圍不斷擴展。提供服務的一方基於微型中心（microkennels）、物體導向（object orientation）、信息傳遞（message passing）及接續（threads）等因素，透過建立組件式軟件系統作為操作系統，從而滿足客戶需求，而所作的變動亦不致影響客戶。UNIX操作系統於七十年代建立，它是一個主要的操作系統，其建立是因應優質服務、層序可編度（scalability）、網絡兼容性（networking capabilities）而設計。

儘管 UNIX 與開放系統同義，UNIX 與其他系統的聯繫並不如人們所預期那麼順暢，由 Microsoft 公司與 IBM 聯合設計的"LAN 主腦"（LAN manager）網絡操作系統則可解決這個問題，這系統內有應用程序介面（application program interface，API），作為分散應用系統與其下網絡系統之間的主要聯繫。API 由 Digital Equipment Corporation 的 VMS 操作系統及

IBM 的 MVS 與 UNIX 系統所供應。每個 LAN 主腦網絡操作系統均包括三部分：①受訊者配上用戶專用介面（user interface），②提供信息所操作的 LAN 主腦，③多台電腦供應 LAN 主腦的 API 等。分散應用系統可以利用 LAN 主腦的用戶專用介面密碼（user interface code），因而減省設計上所費的工夫；此外，應用系統與 LAN 主腦多個部件以同樣方法處理信息，則新增的應用系統亦可採用 LAN 主腦的操作系統。電子傳訊可視為切合分散應用系統的本質，它有賴於 LAN 主腦的供應，因 LAN 主腦具有程序處理間的傳訊系統（interprocess communications）。另一方面，我們可利用 LAN 主腦內在網絡聯繫的靈活性，以建立分散應用系統。

5.5 資料的分配

資料分散處理系統包括了信息處理及資料兩種分配，就這兩種分配而進行程序處理，可以增加反應的靈敏度。有兩種需要可平衡資料分散的傾向，分別是系統資源的調控及整全資料的維持。資料分散處理傾向於反應靈敏及系統效能，而中央資料庫則着重資料來源的中央調控。

資料集中處理較易確保資源整全，分散處理系統使資料分散各處，不免引致下述有關資料處理的顧慮：冗餘問題、一致性、協調程度、應變能力等。

1. 冗餘問題

在分散處理系統內，資料保存在不同地點的多個儲存器中，同一資料藏在多個地點的機會大大提高，單一的資料數據出現多個版本，我們稱之為資料冗餘現象（data redundancy）、倘在每一個網絡交匯點上，程序操作相對自主的話，資料冗餘現象便會出現，這現象在不同的部位有不同的表現方式。

2. 一致性

倘若單一資料同時有多個表現方式的話，我們可說資料庫（database）失去一致性，這情況可有三種解釋：其一是一個處理程序適用於某一個資料數據（data element）而不及其他，其次是某一資料數據的多個版本在相同的處理程序中出現時差，其三則是不同處理程序分別利用相同的資料數據；上述每一種情況均可引致資料庫的整全性下降。再者，倘若多種版本有多個不同的表現方式的話，則無論是某個資料數據或是系統本身，處理信息的可靠程度都會陷於極低水平。

3. 協調程度

將資料同時匯編為檔案存有一定的困難；程序處理的循環過程短促，以及系統運作之際相互影響的應用模式，都加深了困難的程度。設計檔案封鎖（file-locking）技術時，需考慮陷於僵局的情況。所謂僵局，就是兩個同時進行的程序封鎖了檔案，而這兩個檔案正是兩個同時進行的程序所需要的。

4. 應變能力

任何系統均不能保證運作無誤，因此應變措施需周詳仔細，也要包括多項程序處理。一些公司以電腦組系作支援系統以備電腦陷於失靈時啟用，而另一些公司則用時間均分計畫（time-sharing scheme）以維持在較少轉迴時間（turnaround time）的情況下操作。硬件的重構固然重要，資料的重現卻更重要。由於很多資料有冗餘現象，我們想重現某些資料時便要知道本源何在。

公司一旦決定採用資料分散處理系統，則需考慮關於資料的事項。公司必須分析有關資料的操作步驟，同時要確定：

1. 該資料存於哪個系統？
2. 誰負責該資料的出現與維持？
3. 誰負責該資料的整全性？

分配資料時應首要考慮避免資料在系統內由某部分傳至另一部分，如此則減少硬件運轉資料所費的時間，亦減少了快速傳訊配件的需求，從而傳訊成本得以減輕。

很多人希望對信息處理與程式設計作出分配之時，亦兼顧中央資料庫的調控，大部分的裝置所產生的效果介乎兩者之間，即本地所用的資料是合於本地的需求，而中央的或共同的資料則維持在中央的或全體可隨時使用的位置（universally accessible site）。處理上述問題時需要檢查：

1. 所有資料的相互關係；
2. 有關資料本身、資料庫、分配系統的結構；
3. 用戶獲得及了解資料的難易程度，亦即資料的透明度；
4. 資料的控制；
5. 管理資料時要負的責任。

5.6　區分程序處理（Partitioning the Processing）

5.6.1　區分原則

公司弄清上述問題後，需考慮程序處理的區分。基本上，區分程序處理可根據三種方式：（1）客戶、（2）地域、（3）用途。

1. 根據客戶情況區分程序處理

由大部分獨立部門組成的公司，對程序處理有不同的需求，程序的區分要因應此等需求：遇有部門之間相互接觸不多時，部門之間需要很少資料傳送，而部門資料只需輸進中央信息處理中心。公司可用邏輯性類集來區分程序，諸如有關銷售、生產、出貨的管理，會計與財務，三個不同組別的人力資源，或是公司認為適合的方法。

2. 根據地域作區分

公司若有分公司分佈於不同地域，而各分公司均要處理類似的業務且要應用電腦的設備時，分公司可將程序處理區分。在這情況下，各分公司有其本身的資料處理系統，俱各專責本身的業務範圍並與總公司的聯繫。

3. 根據用途作區分

資料的處理方式可根據不同的用途而作區分；公司可用不同的電腦處理不同的業務。以不同的電腦處理輸入資料，是慣常的做法。通常這種資料輸入系統可將資料引入其他具有不同用途的電腦內。

5.6.2　如何處理資料

公司決定了如何區分處理程序以後，便要設計方法去處理資料。這點很重要，因為在資料重現時，資料整全性得以保持及資料來源得以確定均有賴於此。基本上，資料處理可透過：

1. 集中更新紀錄及定期編匯檔案入本區系統；
2. 集中更新紀錄及定期將已更改的記錄輸入本區系統；

3. 中央及本區系統兩個檔案得定期保持及更新，並定期將兩者比較；

4. 在需要時紀錄會取消，而本區的檔案版本亦不會保持，但中央主機則可隨時取用；

5. 在不受主要檔案影響下，在本區維持一個子檔案的濃縮版本，這需要議定步驟及控制，確保步調一致；

6. 在本區系統保持一個母檔案（master file），並可讓中央主機複印及接收。

5.7 資料庫分配系統（Distributed Database）

分散資料的處理誠非易事，但我們可用"資料庫分配管理系統"（Distributed Database Management System, DDBMS）協助處理。邏輯上相關的資料分配於多個有電訊聯繫的程序處理中，則資料庫分配系統是可以存在的；可是不同的資料庫管理系統在聯繫上仍有困難。當然，即使電腦之間或操作系統之間並非相同，在理想的情況下仍可有一致的資料庫管理系統；可在每一部位有相同的資料庫管理系統（Database Management System, DBMS）參照 DDBMS。這情況並非不常見，因為一些供應商會在一些電腦上提供 DBMS。此外，軟件製造商亦會生產多種 DBMS，使不同供應商提供的不同類型電腦均可操作。

DDBMS 混雜了兩種不同的 DBMS 或資料模型，這情況無可避免。DBMS 之間的資料模型轉譯相當困難，例如相關、網絡、層級等模型轉譯就有這現象。混雜 DDBMS 使這種困難加深了本身的複雜程度，基於這些理由，若設計出一個分配資料庫能自上而下運作而不需一個先存的系統，則設計一個一致的系統（homogeneous system）就會相當方便。另一方面，將數個已存在的資料庫綜合起來，需要建立一個分配資料庫系統；在這情況下，需要設計一個混雜的 DDBMS，可以建立具有全球觀點的資料庫。

DDBMS 必須有幾項特性去克服分配資料庫本身的缺點，應用程序系統必須可以運用遠方的資料庫。正因這是分配資料庫的基本功能，所以這一點非常重要。

在分配過程中須有相當的透明度，若非如此，則用戶需搜索整個系統去檢出所需的資料。由於分配透明度與資訊處理之間有很強的對沖（trade-off）作用，所以不同系統對這項特性有不同程度的支持作用。

DDBMS 必須支援資料庫的管理與控制，它包括的工具可用作處理資料庫、收集有關應用資料庫方面的信息、在不同部位提供一個全球觀點的資料檔案，用作支持同一時間資訊的處理：例如檔案或紀錄封鎖系統，對於防止僵局狀態是需要的；分配處理遇到失靈時，可透過 DDBMS 恢復，DDBMS 可使用諸如兩相保證系統（2-phase commit）確保所有操作均以有——無（all or none）兩相進行程序處理。

5.8 分散處理的展望

電腦工業發展最快的一環，要算是企業界廣泛應用的分散處理系統了，這包括了由中央主機到各分機的體積減少了，或者零散的電腦網絡給單一的業務廣泛的網絡所取代。新式的網絡系統無論在應用範圍、程序系統、品種型號方面，均可有很大的差異，這就需要由獨佔的系統變為開放系統。資料分配包括 LAN或WAN，而企業機構需要在＂客戶——服務者＂系統及合作處理系統之間任擇其一，或兩者兼而有之。

優良電腦系統的成敗關鍵,就在於電腦系統能否令用戶作出精明決定,這不僅令公司成本效益提高,且有助公司向外拓展業務,使公司對外的交往及信息交流加快。與此同時,由私人的網絡系統轉為半公半私的資料網絡系統便產生了資訊保密問題。另一方面,資料分配後轉為可用信息仍有困難需要克服。

公司轉用資料分散處理系統時,應該大力在培訓員工方面投資,由小規模、可受控的試驗計畫開始,學習曲線要預計長遠。由於處理資料分配時大量的系統工程迅速增加,所以要有成功的運作及維修,自動操作工具便不可或缺了。今天這些工具大部分未經試驗,嘗試錯誤修正的過程便不斷出現。此外,資料保密、資料擁有權、傳訊方式策略、資料重複等問題均要處理。要使資料分散處理系統成為實用的工具,自動配件及管理資訊的工具非常重要,最理想的解決方法是:系統一旦編上程序,即可自動操作。系統的主要優點是以其規則為主導方向所提供的靈活性,在雜亂紛陳的環境中仍有明智的、有程序規畫的中央調控能力。

III
資訊與管理

6

資訊與決策

黃國棟・美國聖路易大學醫學院

6

資訊與決策

6.1　決策的重要性

我們每一個人，自從懂事的那一天開始，就需要不停的做決定。一早起來，我們要決定穿甚麼衣服；中午時要決定吃甚麼午餐；晚上，要決定找哪些娛樂；入大學時，要決定選哪一學科；畢業後，要決定選哪一樣工作；選哪一個做男朋友或女朋友；甚麼時候結婚；要多少兒女；投資在甚麼地方……除了呼吸外，相信一個人一生做得最多的就是作決定了。

一個決定的後果可大可少。吃飯時選錯了餐廳最多是多花了錢而吃得不好。可是，如果選錯了男朋友或女朋友，痛苦和創傷可能是一世的。不單如此，一個人的決定可能會影響很多人，甚至改變歷史。鴻門宴上，項羽如果一劍殺了劉邦，則今天中國可能和歐洲一樣，分裂成為多國。約半世紀前，張學良如果不發動西安事變，則中國的近代史可能要改寫。

在商場上，每一個管理人員所追求的，就是怎樣作出明智的決定。資金要投資在那裏？幾時推出新產品？訂價在那一個水平？在那裏設廠？……等等。我們讀很多名人的傳記時，都發現他們成功的原因，是因為能夠在重要的時刻作出轉捩性的決定。

不過，我們並不需要羨慕別人的成就。因為作出明智決定的能力，是可以通過學習、實習，和使用合適的工具，而大大提高的。本文將會和大家探討一些關於怎樣作決定的概念，更會看看怎樣可以利用資訊科技來幫助決策者作出更有效的決定。

6.2 決策科學（Decision Science）發展的漫長路

　　人和動物最大的分別，可能就是人類會作出理性的決定。可是，自古以來，對人類如何作決定的探討卻不多。中國的學者和哲人，特別是儒家思想，著重的是精神價值的取捨。"成仁"、"取義"，成為了人生最高的目標。追求的是主觀人生境界的完美，但對客觀的物質世界卻比較少過問。以致現代科學上的兩大科目：醫學，和物理—天文學，在地位上只能和占卜及相命並列。哲人在作決定時，每每以純道德標準作為取捨。結果，在國家民族問題上，出現的是很多在道德觀點上很轟烈，但從理性角度來說卻並不高明的決定。岳飛若不奉召回京而繼續抗金，中國人可能少受很多戰爭的苦難。諸葛亮如果不當阿斗的丞相，而自立為君，可能不會有五胡亂華而令中國分裂數百年。

　　當哲人們將所有注意力放在仁、義的取捨的同時，普通的中國老百姓則每每以超自然能力來代替自己作決定，各樣術數，如占卜、星相、風水等等就成為了中國老百姓的"決策支援系統"（decision support system）！當中國要尋求"現代化"的時候，我們必須同時追求作決定的方法現代化。

　　在西方，情況也好不了很多。古希臘的哲學家比較著重理性的探討，特別在邏輯學上有了一定的發展。可是，以後千多年的政教合一，令到科學的發展完全停頓。直到文藝復興時期，科學才再一次在西方發展起來。可是，在以後的幾百年中，西方科學著重的是發掘宇宙的規律，對人怎樣思想的探討並不多。

　　這情況一直維持到十九世紀。一些科學家和思想家開始探討人內心的世界。哲學方面，齊克果（Kierkegaard）提出"存在主義"（Existentialism），使人忽然間發覺人內心的世界比物質世界更複雜。科學方面，**佛洛伊德**（Freud）開創了以科學方法來研究人類思想，從而引動了整個心理科學的發展，亦開始了對人類如何作決定的研究。

到第二次大戰時，由於軍事上的需要，另一門科學——"**運籌學**"（operations research）應運而生。運籌學著重的是如何以**數學模型**和運算來處理複雜的決策，在當時著重的是軍事上的資源分配、運輸等問題。戰後，運籌學被引進到其他工商業中，用來幫助管理人員作決策。它最大的貢獻是指出並證明了某一些決定是可以利用**數學模型**來示明的。更重要的，當一個決策，例如應該存貨的數量，被數學模型示明後，這決策以後就可交由電腦自動地執行。

在運籌學出現的同時，電腦亦開始面世。事實上，電腦最初就是用來處理運籌學上所需要的大量運算。在以後的日子，電腦的功能越來越大，可做的工作越來越多。漸漸，科學家們開始問一個有趣的問題，到底電腦能不能代替人類思想？從六十年代開始，"**人工智能**"（artificial intelligence）就成為了電腦學其中的一個熱門學科。要令電腦懂得思想，首先必須要明白人類如何思想。在這環境下，電腦學家、資訊學家、心理學家、哲學家、語言學家等，都在共同努力以期更加了解人類作決定的過程。"**決策科學**"在約十多年前就開始成為一門獨立的學科，但仍與電腦學、資訊學、心理學、運籌學、語言學、哲學等緊密配合。決策科學的研究大前提是要提高人類作決定的質素。

決策科學發展的路程是漫長的。和其他學科比較，它還只是在起步的階段。隨着社會變得越來越複雜，天然資源越來越不足，人類必須作出更明智的決定。決策科學正好給人類帶來了多一分希望。

6.3 決定的分類和處理方法

決策科學上其中一個重要的概念，就是決定的分類。總括來說，每一個人一生所作的決定，可以歸納為三類：系統性的（structured）、半系統性的（semi-structured），和非系統性的（un-structured）。讓我們來看看每一類決定的特點和處理方法。

6.3.1 系統性的決定

系統性的決定，是指決策者在作決定的時候，必須遵循一些很明確的指示和原則。例如一所學校要決定哪一個學生可以升級，這決定是基於一個很清楚的規則而作出的(比方說，考試合格的可以升級)又例如一家公司要決定何時補充存貨，這決定是根據貨物的銷量、送貨的時間，和存貨的成本等而計算出來的。

系統性的決定，用電腦科的術語來說，是一些可以用邏輯程式（IF-THEN-ELSE statements）編寫出來的運作。例如一個銷售及存貨系統（sales and inventory control system），可以很容易計出何時需要補充存貨，而自動印出購貨單（purchase order）。有些系統甚至可以直接接通賣方的電腦，指示對方送貨。一個會計系統可以自動決定哪一個客人應收到追討呆賬的信，並自動印出信件。

運籌學初期所著重的就是這一類系統性的決定，例如怎樣運送物資，怎樣最有效地利用不同的機器等。

有一點必須強調的，是系統性的決定可以是很複雜的，例如航空公司怎樣分配飛機行走各條航線。這問題的答案可能需要很多數學家長久的思考才能得出來。可是，無論決定是怎樣的複雜，只要是有例可循的，就是一個系統性的決定。同時，這決定應可以用電腦程式編寫出來，以後電腦就可以替管理人員處理同類的問題。

6.3.2 半系統性的決定

一個半系統性的決定，是須要遵循一些大規則的，但卻有一定的靈活性。例如你要決定到哪裏吃晚飯，這決定是受幾個因素影響的：包括你口袋裏有多少錢，你的口味，你所在的地區等。可是，在這些因素下，你還是有一定的靈活性和自主性。

在工商業中，這類決定比比皆是。一個經理可能要在幾個求職者中選一個；一家公司可能要選擇一個開分店的地點；又或者一個主管要決定如何分配資源。在作這些決定的時候，決策者需要遵循一些大規則，但卻有很大的自由度。事實上，分別好與壞的管理人員，在很大的程度上，是在於他們怎樣處理半系統性的決定。

對半系統性的決定，運籌學家和資訊學家在處理上有些分別。運籌學家比較多用的方法是將問題量化（quantify），例如上文提過選擇飯店的問題，運籌學家會嘗試找出你的效益函數（utility function），然後在滿足各項制約（constraint）的同時，找出令你的效益函數達到最高值的方法。

這量化問題的方法最大的缺點，是在量化的過程中必須給不同的因素評分。可是，硬要將不同的因素比較是很難的。為甚麼在選擇求職者的過程中，經驗要佔35%，而不是30%或40%？不同的評分很可能會帶出不同的結果。

近來一門新興的學科〝模糊邏輯〞（fuzzy logic）給這類問題帶來了新的突破。利用模糊邏輯，在評分的過程中不再需要將一個固定的數值加在每一個因素上，而可以用模糊的指標來形容。例如，在評價求職者經驗的重要性中，不再須要將一個百分

比加在這因素上，而可以評價為＂非常重要＂、＂重要＂，或
＂不重要＂。利用模糊邏輯的推理，我們還是可以找出最高值的
答案。

　　模糊邏輯的興起只有約十年的歷史，所以它還未被廣泛的應
用。在未來數年中，它對如何處理半系統性決定可能會帶來新的
突破。

　　另一方面，資訊學者對半系統性決定卻有不同的處理方法，
著重的是將有關的資料提供予決策者，以幫助決策者作出一個更
高質素的決定。資訊系統中的＂決策支援系統＂，主要的作用就
是給決策者提供有關的資料，和幫助決策者作分析。不過最後的
決定還是決策者自己作出的。

6.3.3　非系統性決定

　　最後的一類決定——非系統性的決定，是指一些非經常性
的，而又沒有甚麼固定規則和程序可以用來作指引的決定；例如
應否接受一套宗教信仰，應否追求某一個女孩子，又或者一家公
司應否進行一項大型的投資。每一個非系統性的決定都是獨立和
獨特的。

　　對這類問題，決策者的背景、經驗、分析方法、價值觀等就成
了決定的主要因素。目前還沒有任何方法來代替人作這樣的決定。

　　在資訊學上，對處理非系統性決定的主要貢獻是在支援方
面。資訊系統能做到的是盡量給決策者提供有關的資料和幫助決
策者進行分析。由於很多時決策者自己也不知道甚麼資料是有關
的，一個良好的決策支援系統必須能讓決策者自由地探索不同的
資料來源。在過去的幾年中，大型數據庫（data base）、鐳射
資料光碟（CD-ROM）等已為決策者帶來很大的方便，而這方
面的科技目前正在高速發展中。

6.3.4 對管理人員的啟示

明白到不同性質的決定，需要不同性質的處理方法，是每一個管理人員必須有的知識。若果處理每一個決定都用處理系統性決定的方法，試圖遵循一些既定的規則，則只會墨守成規，永遠沒有改進。反之，如果處理每一個決定都把它當作一個非系統性的決定，不理已有的規則和程序，則只會事倍功半。正確的將問題分類，是有效地分配資源必須的第一步。

6.4 作決定的步驟

在決策科學中，另一個重要的概念，就是到底在作決定的過程中，決策者用了甚麼步驟。在這問題上，以諾貝爾獎得主西蒙（Herbert Simon）的分析最為被廣泛接受。

西蒙提出在作決定的過程中有三個步驟，分別為察認、設計，和選擇。現分別闡述如下。

6.4.1 察認 (Intelligence)

在第一步 " 察認 " 中，決策者首先必須要發覺為甚麼有需要作決定。在管理學上，我們通常假設作決定的需要是由外在或內在環境改變而引起的。例如一家公司的生意下降了（內在環境的改變），就需要決定怎樣改善。或者公司的對手推出了新產品（外在環境的改變），則要決定怎樣回應。

發現了問題所在後，跟着要做的就是搜集和問題有關的資料和數據，包括問題的背景、目前的狀況，和理想的狀況等。

資訊系統在"察認"這一步中的地位是非常重要的。如果一個決策者未能發現問題的存在，則無論他有多大能力也無從發揮。一個有效的資訊系統必須不斷地向決策者指出可能需要注意的地方。例如一個週期性的營業報告須要指出有哪一些貨物的銷售和平常不同（太快或太慢）、或者哪一區的營業額有不平常的改變。

除了週期性的報告外，資訊系統亦要提供予管理人員自己搜索的能力，有很多問題是週期性報告不能發現或指出的。資訊系統必須讓管理人員有能力查問一切和運作有關的資料。

6.4.2 設計 (Design)

問題被發現後，第二步就是要＂設計＂出解決的方法。在這階段，重要的是先盡量發掘出可能有效的方案，而不是一開始就決定選用那一種方法。在列出所有可能有效的方法後，決策者才分析每一方法的優點和缺點。

在這階段，資訊系統的最大作用在於供給作決策者分析和組織上的支援。很多非常流行的軟件，如 Lotus 123、Excel 等的主要功用就是幫助使用者更有效地分析不同的設計。對複雜一點的問題，運籌學上的很多模式就可以大展所長了。

6.4.3 選擇 (Choice)

將不同的方案分析後，決策的最後一步就是＂選擇＂一個方案然後將它執行。在這一步，資訊系統的主要作用是提高工作效率。例如電子郵遞可以改善聯絡，個人電腦的數據庫可以幫助整理資料。

在西蒙的模式中，還有一點很重要的，就是在決策的第二和第三階段中，有可能需要退回一或兩步。可能在設計不同方案的過程中，發覺手上的資料並不足夠，則決策者需要退一步，再搜集更多的資料。又可能在開始執行已作出的決定時，發覺設計上有問題，則需要重新設計新的解決問題方法。

對管理人員來說，西蒙的模式提供了一個非常系統性的解決問題方法。對每一個問題,只要能按部就班,在每一階段中盡量利用資訊科技的支援,則每一個人都可以作出正確的決定。

6.5 認知風格(Cognitive Style)與決策的關係

西蒙的模式有一個重要的假設,就是每一個人都可以用同一方法來作決定。大致上,這假設是正確的。可是,在實際的執行上,每個人處理問題都有不同的風格,而這風格對使用哪一樣的資料有很大的影響。

"認知風格"是心理學和決策科學上的一個大題目,它是指不同的決策者會用不同的方法來搜集資料和分析資料。根據認知風格的理論,搜集資料和分析資料分別有兩種不同的方法,而兩者之間並無關係。

兩種不同的搜集資料方法分別為"觸覺性"(sensing)的和"直覺性"(intuition)的。觸覺性的人著重的是數據和經驗,直覺性的則著重關係和原則。在分析資料方面,"思考性"(thinking)的著重邏輯和推理,"感受性"(feeling)的則著重感情和價值觀。由於兩種態度之間並無關係,所以它們可以組合成為四種不同的大類(如圖 6.1)。

搜集 分析	觸覺性	直覺性
思考性	✕	✕
感受性	✕	✕

圖 6.1

有一點很重要的，就是每個人的風格只是相對性，而不是絕對性的。某甲可能比某乙更直覺性地搜集資料，但和丙相比，甲可能是比較觸覺性。等如我們可以說一個身高 1.7 米的人比另一個身高 1.6 米的人高，但卻比一個身高 2.0 米的人矮。

從很多的實驗和觀察中，得出的結論是一個人的認知風格和他的處事能力並沒有關係，但對他喜歡使用甚麼形式的資料卻有直接的影響。觸覺性的人比較喜歡數據式的資料，例如統計數字、圖表等；直覺性的則比較喜歡文字性的資料。

由於大部分資訊系統所提供的資料都是數據式的，同時對作決定所提供的援助是比較分析性的，所以，觸角性和思考性的決策者會比較喜歡使用資訊系統來幫助作出決定。不過，資訊學者已發覺到有需要發展一些能滿足各方面要求的系統。很多的研究正向這方面發展。

所謂＂知己知彼，百戰百勝＂。一個出色的管理人員需要明白自己的認知風格，從而可以使用和自己最配合的決策工具。同時，了解不同下屬和上司的認知風格，可以改善和他們的溝通。

6.6　明白自我背景的限制

除了不同的認知風格外，我們在作決定時無可避免的會受自己背景所影響，而限制了我們充分利用有關資料的能力。明白這些限制的性質可以幫助我們改善我們的決策能力。

6.6.1　訊息過量 (Information Overload)

在正常的情況下，一個決策者所擁有的資料越多，則作出正確決定的機會就越大。可是，當決策者擁有的資料數量過多時，決策者再也不能有效地利用這些資料，反而會引來混亂。結果，作出正確決定的機會會減少。資料的數量和作出正確決定的機會二者之間的關係可由圖 6.2 來表示：

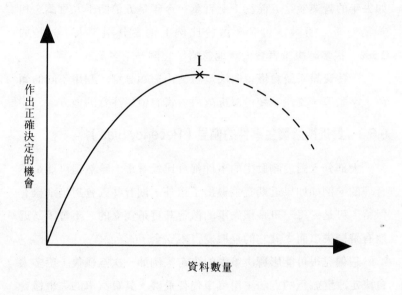

圖 6.2

圖 6.2 中，I 點所代表的就是訊息過量的界限。資料數量如果超過了這個限度，則決策者再不能有效地運用。

一個良好的資訊系統應只將適量的資料提供予決策者。開始的時候，決策者可以先取得一些普遍性的資料。如果有需要，決策者可以深入搜索進一步的資料。

一個成功的決策者必須知道甚麼時候停止搜索更多的資料。不然的話，不單會大量浪費資源，並且會令決策者更難作出正確的決定。

6.6.2 可被察覺出的分別 (Just Noticeable Difference)

上文說過，作決定的第一步就是要把問題＂察認＂出來。可是如果兩件事情差別的比例不太大的話，我們是不易察覺的。例如去年的營業額是五億三千七百萬，今年是五億四千九百萬，相差是一千二百萬。可是，由於比例上兩者分別不大，只是約2.5%，很多時決策者會大意地忽略了它們一千多萬的差別。

一些資訊系統會懂得向決策者突出這類分別。利用不同的顏色、字體等，資訊系統可以提醒決策者有值得注意的地方。

6.6.3 對近期所發生事件的偏見 (Recency Bias)

大部分人對於剛發生的事件都會比較看重，雖然這可能是不合理的。例如如果近期有飛機出了意外，則有些人會對坐飛機有保留。可是，每一班飛機失事的機會其實是獨立的，不會因為近期有飛機失事而令其它的飛機變得不安全。

這偏見很可能影響決策者的決定。例如一次空難後，很多人會決定改變旅行的方法，用汽車代替飛機。其實汽車的失事機會比飛機更高。一個成功的決策者必須避免自己受這樣的偏見影響，而作出不理智的決定。

6.7 總結

本文介紹了決策科學上的一些重要概念，和討論了資訊與決策的關係。資訊科技為作決定帶來了重要的支援。只要明白了作決定的原則，加上適當的運用資訊科技，任何人都可以成為一個成功的決策者。

中國文化在探討怎樣作決定方面是比較落後的。可是，在價值觀的探討上，中國文化卻有非常豐富的成果。到底怎樣能將管理層面對決策的探討，和道德層面的價值觀互相結合，是一個很大的挑戰。希望各方賢達能共同努力，令中國文化可以﹁決策現代化﹂。

7

電腦資料庫之進程

葉偉文・美國加州大學大衛市分校電腦科學系

7

電腦資料庫之進程

　　"資訊"（information）工作者在人類社會發展上一直擔當着重要的角色。沒有探子所收集的準確情報，任何足智多謀的統帥亦會無計可施。曆法計算者為耕種的人推算出翻土、播種的日子，讓人類能夠盡量使用天然資源。

　　近百多年來的科技發展更把資訊工作者的重要性推上一個歷史高峯。今天我們已懂得使用科技來獲取、儲存、整理、傳遞，以及發放各類型的資訊。人們已不再受地域限制，能夠利用先進的通訊設備打破隔膜，與世界上任何一個地方建立聯繫。資訊科技確實擴闊了人類的視野，讓我們不斷擴展知識的領域。

　　資訊可被視為一些經整理後切合使用者需要的"資料"（data）。因此，要有效掌握資訊，必先要能夠靈活地處理資料。"資料庫"（database）的作用便是為了提供使用者處理資料的服務。

　　科技不斷進步，資訊工作者要處理的資料亦增加到驚人的地步。一家中型公司日常便需要快速及有效地處理三百萬頁的文件。美國聯邦政府轄下的 63 個部門便提供三千多個資料庫，供國民查閱；其中包括農業、貿易、人口、科研等各樣資料。連同私人機構提供的資料來計算，一家要全面了解業務環境的公司所需要處理的資料數量，更是不可勝數了。然而，資料數量卻又不斷激增。難怪有人擔心，終有一天人類會被資訊爆炸的"碎片"割得體無完膚。

其實，只要我們清楚對資訊的要求，並懂得使用現今的科技來建立一套合適的資訊系統，我們絕對可以安然享用資訊所帶來的好處。本章會介紹資料庫的概念、應用及未來發展。好讓大家一同探索資料庫對我們的幫助。

7.1　資料庫的基本概念

資料庫是一個能夠有組織地編排大量相關資料的系統。其目的是為使用者提供所需要的資料。通常資料庫會根據資料性質進行分門別類，並且編訂目錄，以方便日後能有效而又快速地處理資料。一般的處理工作包括儲存、運作、報告、管理，以及控制資料。使用者並不需要理會這目錄及處理工作是如何進行。我們把這些工作一併交給〝資料庫管理系統〞（database management system）來負責。它是使用者及資料庫間的橋樑，依據使用者的要求來處理資料。圖 7.1 表示了使用者、資料庫管理系統及資料庫間的關係。

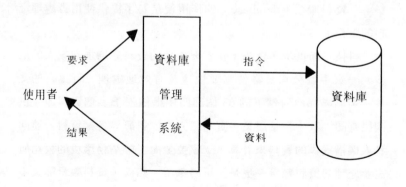

圖 7.1　資料庫系統

以辦工室作比喻，一個文件櫃便是資料庫，秘書便相當於資料庫管理系統，而經理則擔當使用者的角色。當經理表示要查看近五年的公司業績時，秘書便從文件櫃中找出近五年的損益表，把有用的資料抄下來，編寫成報告，並交給經理查閱。這位秘書越是對文件櫃內的資料掌握得清楚，經理所提出的要求便越精簡，而所得的資訊亦越豐富。

雖然到現時我們還沒有談及必定要使用電腦設備來處理資料，但由於現今要處理的資料數量實在太龐大，使得電腦變成無可避免的工具。因此，我們以後的討論亦是指電腦化的資料庫而言。這樣，資料便會儲存在電子化的儲存器上，如磁碟或磁帶上，而資料庫管理系統便是一套能夠管理資料的軟件。另外要留意的地方是以上所提到的使用者並非單指一個人而言，他可以代表一羣使用者，如一個部門內的員工、一家公司內的人員、甚或一個地區裏的居民。

7.2 資料庫管理系統的功能

一個現代化的資料庫管理系統應該能夠提供以下四項功能：處理資料、保持資料的完整及可靠性、達至 " 資料不相依性 " （ data independence ），及提供保安措施。本節會逐一討論這些功能。

7.2.1 處理資料

處理資料是資料庫管理系統最基本的功能。通常使用者可以透過使用 " 查詢語言 " （ query language ）或執行 " 應用程式 " （ application program ）來進行輸入、更改、刪除等處理資料的工作。查詢語言讓使用者把要求編寫成系統能夠理解的句子。資料庫管理系統接收這些句子後，便即時產生並執行一連串的內部指令，以滿足使用者的要求。使用者接受過基本訓練後，一般都可以自行編寫簡單的查詢句子，這樣使用者便能夠提出切合自己需要的要求。

當查詢的步驟比較複雜，或經常重複相同的查詢時，使用者可以借助程式編寫員（programmer），預先將這些詢問編寫成應用程式。使用者隨時可以執行這些程式來獲取有關查詢的結果，而無需學習任何資料庫的知識。

7.2.2 保持資料的完整及可靠性

在一家公司裏，每個部門都可能擁有各自建立的資料庫。然而，部門之間又不免要互相交換資料。一個好的資料庫管理系統應當可以提供一個完整的環境，讓使用者獲取公司全面的資料。例如，人事部負責管理員工的個人資料，會計部則記錄着有關員工薪酬的資料。當要寄發每月的工資單時，會計部人員便需依據人事部儲存的員工地址來寄出工資單。

然而，當兩個用者同時處理一項資料時，有可能會破壞資料的準確性。試以"數橙的故事"加以說明。有一天，大明拿到一大籃橙子。他為了要數清楚橙子的數目，於是取來另一個籃子，一邊數一邊把數過的橙子放在第二個籃子裏。可是小明卻偷偷地從第二個籃子裏取了一個橙來吃。結果，大明所數到的個數當然會多於他最後實際擁有的橙子的個數。同樣道理，當一個使用者更改另一個使用者正在處理中的資料時，便有可能產生錯誤的結果了。這便是"共作控制"（concurrency control）要面對的問題之一。

一個為多個使用者服務的資料庫管理系統必須提供保障設施，確保使用者的工作不會受其他使用者影響。雖然使用者無需參與共作控制的過程，但他必須查看清楚所使用的系統確實有提供共作控制的服務；否則，與其他使用者共同工作所帶來的錯誤有可能無法彌補甚至始終不被察覺的。

有人會質疑，既然共享資料會帶來這些危機，倒不如每個部門都獨立地保持所有需要的資料，那便不需要共作控制了。例如，把員工的地址複製到會計部的資料庫中，以便發出工資單時，不用參考人事部的資料。可是這個做法會帶來資料冗餘的問題。一方面浪費儲存器上的空間，而更嚴重的是會破壞資料庫的可靠性。如果人事部在更改員工地址時沒有通知會計部作同一修改，那麼資料庫便不能記錄確實的資料。解決辦法是同一時間更改各個複製本的內容。這樣，會計部發出工資單的工作亦會受其他部門的影響。因此，共作控制是不可避免的課題。

另外，保持相關資料的一致性亦十分重要。進行資料處理後，我們要確保相關資料之間並沒有衝突。例如，當要刪除一名辭職僱員的資料時，其家人的資料亦須一起除去；否則，便會出現已辭職的員工家屬仍可享用公司福利的問題。

可惜的是現時大多數的商用資料庫系統都沒有提供完善的保持資料一致性的服務。這個責任通常落在程式員身上，他們必須把此等服務加入在應用程式中。為防止資料的準確性受到破壞，有些系統索性禁止使用者自行更改資料，因而直接削減了使用者所享有的服務。我們期望將來的系統能夠克服這些技術障礙。

7.2.3 達至"資料不相依性"

使用者或應用程式編寫員在處理資料時，應該不用顧及資料的取存方法及其實際儲存位置。正如大型公司內部郵遞服務一樣，寄件人只需要寫上收件人的姓名及所屬部門便可；而不用列明收件人的房間號數，或是由那一位信差負責轉遞及使用那一條路線。這樣做有兩個好處。首先，無論收件人的部門搬往何處，寄件人亦無需改變指示收件人的方法。其次，寄件人可省卻翻查及寫上地址的時間，亦避免了抄寫時所可能產生的錯漏。套用於資料庫系統的情況下，使用者是寄件人，資料庫管理系統便是信差，而收件人的地址就等同於資料在儲存器上的位置。然而資料的位置要比一般地址複雜得多。它可以是存放在某一個磁碟驅動器中，某一片磁碟上，某一條路軌裏的某一個部分上。因此，要求使用者確切指明資料位置是不切實際的做法。

有了資料不相依性的功能，資料庫管理系統便可以接受根據資料的性質而發出的查詢。例如依據員工姓名來尋找員工的個人記錄。系統依據其保持的目錄，便可找出該員工資料的確實位置；系統亦會以它所知的最快方法來進行尋找。

7.2.4 提供安全設施

資料庫在運作時，隨時會遇到一些破壞資料的意外。例如，磁頭受震盪而觸及磁碟表面，電壓突然改變而影響硬件的動作，以及火災、水災等。一些不能容許中斷的系統，如航天、銀行等的資料庫便會採用硬件冗餘的設備來對抗意外。例如，把每項資料都儲存在兩個或以上的儲存器上，當其中一個儲存器發生故障時，系統仍可使用其他正常的資料庫來繼續操作。所有儲存器同時受意外破壞的機會是非常微的，因此，這是最有效對抗意外的方法，然而這亦是最昂貴的。

當資料庫所提供的服務容許有限度中斷時，我們便可透過軟件控制來恢復受破壞的資料。在正常運作時，資料庫管理系統會把處理資料的命令記錄在一個較穩定的儲存器上，如磁帶，我們稱這些記錄為＂日誌檔案＂（log file），同時，亦不時把資料複製在其他儲存器上。當意外發生後，系統便可憑着日誌檔案所記載的過往命令，把最近期的資料庫複製本回復為正確狀態。

　　我們除了要對抗天然災禍外，亦要提防人為的損壞。最近，在美國便揭發了一宗竊取私人資料的案件。一些在＂社會保障行政部＂（Social Security Administration）工作的僱員偷偷從資料庫中獲取國民資料作買賣之用，其對象包括信用咭公司、私家偵探社等。一個美國人十年工作報告的黑市價便要 175 美元。這涉及到資料庫管理系統的＂授權問題＂（authorization）：就是確保在適當的時間、地點把資料提供給有權使用該資料的人士。

　　一般的商業系統可限制員工只能在辦工時間內運作資料庫，並且把電腦終端機擺放於有保安設施監管的房間內，僱員必須要通過身分識別的程序才可以使用電腦系統。一般的識別程序是由系統核對使用者所輸入的密碼來確定身分，如銀行自動櫃員機所採用的方法。若果系統要求高度的保安設施的話，便可依靠探測身體上的特徵來識別使用者身分，如手指紋或視網膜上的血管圖案。

　　另外，系統亦應該確保沒有人能間接地獲取到受保護的資料。例如，一家公司聘請顧問為其員工資料作統計性的分析。該公司為免員工個人資料外泄，於是限制顧問不能夠查詢可以識別員工個別身分的資料，如姓名、住址及身分證號碼。然而，如果該顧問知悉會計部經理的薪金是在該部門中最高的話，那顧問便可透過查詢會計部最高薪人士的記錄來得知該經理的資料。一個保護個人資料的系統最低限度不會解答這些只挑選單一記錄的查詢。

　　如果資料庫與公眾網路連接時，我們便要更加小心保安的問題，以防止非法人士侵入網路系統，竊取或更改傳送中的資料。通常的保護方法是把資料編寫成密碼後才輸送到網路上，而接收者必須要有解碼的暗號才可以把資料還原。現時的編碼技術已漸趨成熟。若以一般設備來試圖解碼的話，極有可能一輩子也解不開的。

7.3　資料庫的應用

資料庫的應用是很廣泛的，任何需要快速而又準確地處理資料的機構都可以用上資料庫來改善工作效率、減低成本、以及增加競爭能力。一些行業更加一定要使用資料庫，否則就根本不能夠在同業中生存，如銀行、航空公司、金融服務等。

在一般的企業中，資料庫跟其他資訊系統一樣可以有三個層次的使用：操作上（operational）、戰略上（tactical），及更整體的策略上（strategic）。操作層面提供日常重複性的工作，如輸入訂貨單、印出發貨單等。戰略層面的服務讓管理階層能夠掌握最新而又準確的資訊，以使公司運作得以朝着既定的方向發展。如銷售部門的主管可以透過資料庫查看每個地區的銷售情況，確保能夠達到預期的目標。策略層面的服務是為制定整體較長遠的方針而設的，如幫助決策者了解企業本身的財務實力及投資環境。一個完善的資料庫便應當提供以上各方面的資料。

香港區域市政局最近運用港幣五千三百多萬元給局內 25 所圖書館進行電腦化的工作。這個系統完成後，讀者借書、還書、查詢書籍資料，以及圖書館管理人員採購圖書、編列目錄等的工作均會自動化。一般借書或還書手續可以在數秒鐘之內完成，而讀者亦只需約兩秒鐘的時間便可得知一本圖書的資料。此外，為方便讀者查詢有關中文書籍的資料，該系統會採用一部能夠識別手寫中文字的儀器。就算一位不懂得電腦的讀者，也可以在一張特製的書寫板上，寫下要尋找的書籍的檢索資料，如書名或作者名稱，該系統便可進行搜尋。

香港浸會醫院最近亦投資一千五百多萬元港幣引進一套電腦系統來改進院內的工作。這個系統可提供 26 種不同的服務，包括辦理病人入院手續，管理病人資料及院內財務等副系統。這系統會採用影像處理的技術，到時醫生所發出的藥方經電子化後，會直接經過院內的電腦網路傳送到配藥室，減小人手在傳遞上所發生的錯誤，同時亦方便作記錄。另外，該系統可將醫生的化驗要求傳送到化驗室，而化驗報告也可於第一時間送回有關醫務人員的終端機上。所有病歷均可以儲存在資料庫中，供醫生診治時作參考，及日後研究之用。

7.4　資料模型

　　請想想，假設你手上只得一疊空白的紙及一枝筆，現在請你把朋友的資料記錄下來，你會怎樣做呢？通常我們首先會決定記錄那些資料。每位朋友都有很多個人資料，但我們不會把所有資料記下。如果是業務上的朋友，我們可能只記下姓名及聯絡電話；而較要好的朋友，我們或會記下他們的出生日期、地址等。其次，我們會考慮如何把這些資料編排在紙張上。同樣道理，資料庫管理系統在儲存資料前，需要清楚知道要儲存哪些資料，以及資料之間的關係，以便先行計畫好如何有組織地使用儲存器上的空間，方便日後取存的工作。

　　"資料模型"（data model）便是一個讓資料庫管理系統明白要儲存的資料之性質，及其間之關係的工具。自六十年代起，商用資料庫分別採用過最少三種資料模型。它們是"階組"（hierarchical），"網路"（network）及"關係"（relational）模型。階組模型可說是最早期的資料模型，早在六十年代末期便有使用這模型的資料庫出現。網路模型則把一些階組模型的規範放寬：它開始流行於七十年代中期，至今仍有公司採用它。關係模型於七十年代末期開始流行，現今已成為資料模型的主流了。以下我們便介紹一些關係模型的基本概念。

從概念上看，關係模型是使用一組列表來把資料組織起來。如表 7.1 及表 7.2 便是一個由關係模型所形成的資料庫。

表 7.1　僱員列表

姓　名	年　齡	部　門
陳大文	25	會計
黃小青	22	人事
張三風	27	會計
⋮		

表 7.2　部門列表

部　門	地　點	負責人
人事	三樓東翼	馬輝明
銷售	地下	郭倩慧
會計	二樓	宋楚成

表 7.1 顯示一個僱員資料的列表，每一行代表一位員工的記錄。表 7.2 是有關部門的資料，每一行代表一個部門的記錄。假若沒有同名同姓的僱員出現，憑着僱員的姓名，資料庫管理系統便可以找尋出該僱員的記錄。此外，這兩個表是有關連的。表 7.1 裏每一位僱員所屬的部門資料均可以在表 7.2 裏找到。這個關係由表 7.1 及表 7.2 裏" 部門 "這一個共通欄作聯繫。若果我們想知道陳大文的部門負責人名稱，首先便從表 7.1 中找出陳大文所屬部門，跟着便可以在表 7.2 裏找到該部門的負責人了，即宋楚成。

每一個資料模型除了能顯示資料的組織外，它還包括處理資料的操作方法。由關係模型所組成的資料庫便可使用" 關係代數 "（ relational algebra ）或" 關微積分 "（ relational calculus ）來處理。前者利用一組的操作工具（像算術中的加、減、乘、除般）來找出要尋找的資料。後者則只把所需要的資料描述出來便行。關係微分的好處便是使用者只需要表示他期望要甚麼資料而不用說明如何得到這資料的程序。就表 7.1 而言，試看以下一句關係微分的查詢句：

```
select    部門

from      員工列表

where     姓名＝"陳大文"
```

這查詢句要求顯示陳大文所屬部門的名稱。

7.5 建立資料庫的方案

一個成功的資料庫必須能夠快捷、準確地為使用者提供所需的資料。因此，在建立一個資料庫時，系統設計員必須明瞭使用者現在及將來對資訊的需求。透過對系統的分析，設計人員應能夠解答下列問題：

1. 需要處理哪些資料；
2. 如何處理資料，及由哪些人負責；
3. 資料的數量；
4. 對處理資料的速度要求；
5. 要處理的資料來自哪裏，以甚麼形式記錄；
6. 經處理後的資料會送往哪裏，以甚麼形式儲存或表達；及
7. 如果資料是要受安全保護的話，甚麼人在甚麼情況下有權查看那些資料。

分析的工作做好以後，設計人員便要建立一個資料模型。一

方面是為了建立資料庫時使用，而另一方面亦可讓使用者明白資料庫的組織以方便對資料庫進行查詢。跟着便要選用適當的硬件及軟件系統，編寫需要的應用程式，輸入資料，進行系統測試，再加上以後的維修保養的工作。

在保安的問題上，資料庫管理系統提供技術上的幫助，如在意外後恢復正常操作，識別使用者身分，編定保安密碼等。而負責管理資料庫的人員則要制定保安的措施，如定立員工提取資料的權力。兩方面要相輔相成才可以建立一個安全的系統。在制定保安措施時，管理人員要留意以下的地方：

1. 這些措施應能彈性地因應需要而作出修改，如增加或減少一名員工的權力；
2. 執行保安工作時，不會妨礙使用者的正常工作；
3. 資料庫管理系統的效率不會受到嚴重影響；及
4. 實施保安措施的代價是值得的並且是公司可以接受的。

在整個系統建立的過程中，必須要有最少一個負責人擔當資料庫管理的角色，我們稱他為＂資料庫管理者＂（database administrator）。大、中型公司便可能聘請專門人士，而小型公司則可能是由使用者本身來擔當這項工作。

7.6 資料庫的未來發展

資料庫系統是一門較為着重應用的技術。它經常會結合其他的科技來增加其功能。在這一節，我們會從現今科技的發展趨勢來展望資料庫的未來去向。

7.6.1 影像處理的技術

傳統的資料庫只能處理文字及數字。隨着影像處理的技術漸趨成熟，以及儲存器容量的倍增，我們可以把圖像視為一般的資料來處理。現時彩色影像掃描器已大行其道，市場上亦有一些產品可以即時把攝影機拍下來的影像數字化並儲存於磁碟上。因此，我們可以輕易地將員工的照片結合於其個人記錄裏，並隨時把資料顯示在螢光幕上，或使用彩色打印機編印資料出來。讓使用者對資料有更全面的認識。

利用＂多媒體＂（multi-media）的器材，我們更可以輕易地在電腦螢光幕上播放錄影帶或音樂。以後，當我們搜尋有關貝多芬的資料時，不但可以知道他的音樂成長背景，更可以聽到他不同時代所創作的樂曲。千言萬語也不能把一幅圖畫表達出來，有了影像處理的技術，資料庫更能將現實生活呈現在使用者眼前。

再進一步而言，我們相信將來的資料庫甚至可以把影像當作文字或數字般進行運作。例如，面對一幅員工的全家照片，電腦便能夠數出家庭成員的數目，並且把每一個成員的影像單獨地抽取出來。甚至一些相信面相的管理人員，將來可能可以命令電腦從芸芸的應徵者中，揀出一些沒配戴眼鏡、鼻高、面方的候選者來。將來我們往超級市場購物時，就算忘記了所需貨品的名稱，也可以透過對產品外型的描述來找出該產品。海關人員亦可能在各個閘口裝置攝影機，系統能自動比較出境人士的相貌及資料庫中通緝犯人的影像，以防止他們秘密離境。

另一種叫＂虛幻現實＂（virtual reality）的技術更令使用者有親歷其境的感受。使用者要配帶一副特製的眼鏡及手套，透過手的活動來控制要觀看的影像。將來，我們購買樓宇前，不用到示範單位參觀，我們可以利用這套儀器隨意到客廳、廚房觀看，甚至可以打開窗門看看樓宇建成後的週圍環境。將來，我們看電影時，可以不僅單單做觀眾，我們甚至可以選擇扮演劇中任何一個角色，實際參與在戲劇演出中，而我們的反應會直接影響到整個劇情的發展。這時，我們已不再察覺到資料庫的存在，只會感覺正身處真實世界當中。

7.6.2 光碟儲存

"光碟儲存"（optical storage）的發明把資料庫的應用帶到另一個新紀元。光碟儲存的原理是利用激光光束，在光碟上寫上或讀出資料。現時的光碟可分為三個類別："光碟僅讀記憶體"（compact disk，read–only memory；CD–ROM），只可寫一次而可以多次檢讀光碟（write–once read many；WORM），及"可抹除光碟"（erasable optical disk）。

一張直徑 12 釐米的僅讀光碟便可容納 663.5 MB 的資料，即大約是三十五萬頁的文件。一般而言，我們只需要 3 至 10 秒鐘的時間便可以自碟上取出一項資料。僅讀光碟其實是從最初用以錄播音樂的"光碟"（compact disk，CD）演變過來，它們的結構亦大同小異，這樣帶來了兩個優點。其一，生產商可以使用複製光碟的技術來生產僅讀光碟，使製造成本下降。一張僅讀光碟的製造成本現時便低於港幣二十元，而一個僅讀光碟驅動器的市場價亦已降至港幣三千元以下。其二，僅讀光碟可以儲存影音資料，因此，很多公司正致力開發僅讀光碟在多媒體上的應用。

另外，不同於硬式磁碟般要在密封的包裝下才能運作，僅讀光碟的表面蓋有一層保護膠，不用安裝在驅動器內便可以操作，兼且攜帶方便。現時很多公司都以郵遞的方式把光碟寄給顧客。比較起硬式或軟式磁碟，僅讀光碟的另一好處為非常低的錯誤率。利用一些檢錯的方法，一般生產商都可以保持平均每一張光碟上不到一個位元（bit）的錯誤，錯誤率低於十萬億分之一。加上保護膠的作用，一張僅讀光碟能夠非常準確及長久地把資料記錄下來。

　　僅讀光碟適用於儲存大量而又少改動的資料，如百科全書、統計性資料等。最近有出版商把二十冊的牛津英文字典放於一張僅讀光碟上。另一家公司則把美國差不多每一個地方的地圖都放進光碟上。使用者只要輸入要尋找的地區郵遞區號（zip code）或是該地區的電話區號及電話號碼的首三個數字，該系統便把該區地圖顯示出來。

　　至於只可寫一次光碟則可以讓使用者自行把資料寫在光碟上。由於寫上資料後不容易修改，它可以應用在儲存法律性文件上。美國專利及商標局（US Patent and Trade Mark）便利用只可寫一次光碟來儲存專利權的最新資料，讓有興趣人士參考。可抹除光碟現正在發展中，當技術進一步成熟時，將可成為儲存器上的一個重要工具。

7.6.3　人工智能的技術

　　“人工智能”（artificial intelligence）的技術在多方面都影響着資料庫的發展。

　　推論是人類思考的一個重要方法。當我們知道大明是陳大文的兒子，又知道張小娟是陳大文的妻子時，我們便可以推論到大明是張小娟的兒子。推論是根據一些理論及事實來進行的。就以上的例子，所採用的理論就是某人的兒子亦是該人的配偶的兒子，而事實便是陳大文與大明及張小娟的關係。

　　資料庫本身便能儲存大量的事實。因此，不少研究人員正致力把使用者所要使用的理論加入資料庫中。懂得運用推論的資料庫有幾個優點。首先，它可以提供使用者更多資料。例如當有人問及某人的年齡而資料庫卻沒有儲存這項資料時，傳統的資料庫只能答稱不知道，但若果有了推論能力，資料庫便可以從該人的學歷及工作背景來估計出他的年齡。當然,資料庫在提出答案時必須強調這個答案是一個估計數值,並可以列出理由來解釋如何得到這個答案,以供使用者可以自行衡量該答案的可信性。推理性資料庫的其他好處包括減少所要儲存的事實數量,以及可以保持資料庫的一致性,因為資料庫能夠自行查探所儲存的資料是否有衝突。

不過,利用推論來處理資料亦存在着還未完全解決的問題。最重要的是我們身處的世界實在太複雜,要建立一些準確而又完整的理論是很困難的。再以 " 親子問題 " 為例,如果大明是陳大文與前妻所生下的,那麼,我們說張小娟是大明的繼母便更為正確。另外,在日常生活中,除了有事實外,亦包含人們的信念(belief),如何處理信念,亦是一個值得研究的課題。

" 專家系統 " (expert system) 的概念亦可應用於資料庫中。其實,專家系統亦是利用推論來幫助使用者解決問題。但由於它集中處理一些專門問題,所以較容易建立出一些準確的理論。然而,我們身處的世界始終是變化多端,沒有多少理論能持久不變。於是在八十年代便有電腦科學家嘗試教導電腦進行學習。例如,在一個資料庫中找出一些規律,又或是在經驗中吸取教訓。另一個做法是透過 " 神經網路 " (neural network) 的技術,利用大量處理器來摸擬人腦的功能。在物體認知上已有一些進展。美國郵政署(US Postal Service)便希望使用神經網路,在一九九七年時,可以處理九成用機械寫上地址的信件,及五成用人手書寫地址的信件。配合人工智能的技術,資料庫便可提供更加方便的服務了。

7.6.4　無紙張的辦公室

雖然電腦在商業上的應用已經非常流行,但仍然有大量紙張在辦公室中傳遞，浪費公司的資源。根據一個環境保護組織的估計，如果美國企業能夠利用紙張的背面及減少三分之一的影印數量，他們每年可以省回近十億美元。資料庫在這裏可以擔當一個角色。一個完善的資料庫系統可以讓員工有效地在螢光幕上查看所需的資料而不用經常把資料列印出來，亦不用由於電腦系統結構的不同而把資料重新輸入到另一個系統中。

導致辦公室內的資料庫未能充分使用的原因有兩個。其一，現今的資料庫系統一般都缺乏更改內部結構的彈性。例如，當我們想把一名員工的調職記錄儲存在資料庫而當初設計資料庫時是沒有預設有這項資料時，使用者便要透過資料庫管理者來改動資料庫的結構，這給使用者帶來不少麻煩，因而減低對資料庫系統的依賴。雖然資料庫結構改動涉及到安全及完整的問題，但我們期待將來的資料庫系統有足夠的智能及提供較容易理解的資料模型，讓使用者能夠隨意自行更改資料庫的結構。

另外，現時的系統還未能夠理解文件的內容。如果使用者希望資料庫能根據文件內容作搜尋時，他必須自行把文件分類及組織，然後將分析結果輸入資料庫中，那麼日後才可以對文件進行搜尋。其實，由於商用文件的格式是相當固定，我們期望將來的系統可以理解文件內容及自動編製所需的目錄，讓使用者進行查詢。

7.6.5　分佈型資料庫

隨着電腦網路的普及和發展，＂分佈型資料庫＂（distributed database）已漸漸成為主要的資料庫模式。它的基本原理是把一個系統內的資料處理分散在不同地方。有需要時，資料可以透過網路從一個地方輸送到另一個地方。使用者在處理資料時，不用考慮資料實際儲存的位置，控制資料共享的情況，傳送資料的技術問題等。他就像使用一般中央控制的資料庫般，提出查詢後便可以得到有關資料。

國際間的通訊設施不斷改善，光學纖維的鋪設及衞星傳送服務地區範圍的擴大都把資料傳遞的質素及速度大大提高。我們可以預見將來的使用者，安坐終端機前，便可跟世界各地的資料庫作聯繫。當電腦翻譯的技術再進一步成熟時，我們更不用受語言的障礙，可以隨時查詢用其他語言編寫成的資料。跨國企業會更加流行，總公司即時可以知道各分公司的業務情況。分布在世界各地的公司員工可以為顧客提供更全面化的服務。人與人之間的接觸將不受地域或文化差異的影響而不斷增加。

7.6.6 物體導向資料庫

＂物體導向＂（object-oriented）的概念已有十多年的歷史，然而到現時還未有一套國際公認的標準定義。一般而言，一個物體導向系統有以下四個特點：

1. 概念上，資料與處理資料的程序均放在一個物體上，任何處理物體內資料的工作都由該物體所儲存的程序負責；

2. 物體之間靠信息（messcge）來溝通；

3. 結構相同的物體可以組成一個班（class）；

4. 一些班可以形成一個班階組（class hierarchy），低層的班可以包含高層的班的資料或程序。

圖 7.2 顯示一個有關交通工具的班階組。每一個圓形代表一個班。這裏刻畫出陸上、海上及空中三種交通工具。由於每種交通工具均可以乘載乘客，因此，我們在交通工具這個班內可以定義有乘客數量這項共通資料，而三種交通工具的班便可以承繼這項資料而不用自行再定義。該三種交通工具的班亦可以擁有自己

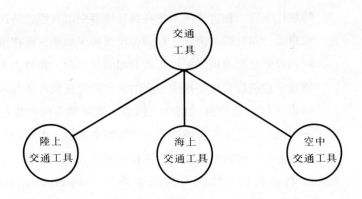

圖 7.2　交通工具的班階組

　　獨特的資料。例如，在表示速度時，陸上交通工具可定義有時速這項資料，海上交通工具有海里這項資料，而空中交通工具則可包括飛行及爬升的速度。

　　這種模組化的組織方便軟件的設計，使所製成的軟件模組較容易循環再用，縮短製造軟件時間，及提高軟件的質素。把這個概念結合資料庫系統便可產生以下的好處：

1. 每個物體可以代表現實的實體（entity），如員工、部門等，而每個物體都可以有其獨特的資料。例如，某些員工如果有調職記錄時，我們可以只在該批員工的相應物體上加上這項資料，並不用影響到其他無調職的員工的相應物體結構。在關係模型裏，則規定於一個列表中每一個記錄均要有相同的結構。

2. 傳統資料模型只能處理簡單的資料結構，如文字及數字。物體導向的系統則容許加入新的資料結構及其處理程序。例如，把影像也看成一種資料結構，而它的處理程序便是播影、回轉、快速前轉等。

3. 物體代表着一個實體，不像在關係模型中以實體的特性來指示一個實體。因此，在關係模型裏，如果發現在兩個列表中分別有兩個記錄均載有相同名字時，我們仍不敢肯定這兩個記錄是描述相同的人（假設我們容許有兩個人可以同名同姓的話）。然而，在物體導向的模型下，兩個人就必定用兩個不同的物體來表示，相同的人則一定用相同的物體代表，不會有混淆的。

現時已有商用的〝物體導向資料庫〞（object-oriented database）在市場上出現。可見的應用領域包括工程系統、統計性資料庫、電腦輔助設計及製造等涉及運用比較複雜的資料結構的系統。

7.7　總結

初期的資料庫主要是為了提供有效及快捷的方法來處理大量資料。隨着資訊技術的發展，資料庫的功能範圍也擴大了。它不再僅僅是處理文字及數字，同時可以處理影像、聲音，以至複雜的資料結構。透過電腦網路，我們可以與世界上各類型的資料庫進行資料交換，讓我們的觸覺得以全面擴展。因此，資料庫在策略上的應用將會不斷增加。與此同時，人工智能的技術亦幫助使用者更透徹地了解週圍的環境，令決策者能夠在充足的資訊下作出決定。

資料庫的發展，總的來說是趨向一套能提供使用者更全面資訊及更人性化的系統。面對一部資料庫系統，我們可以跟它交談，可以看到實物的影像，聽到真實的聲音，卻不用知道資料實際存放在世界上哪一個角落。事實上，我們可以根本沒有資料庫的概念，而同時又可以得到最新的、準確的，並且豐富的資訊。

IV

資訊科技應用的發展

8

從程式語言到軟件發展

危善濤・前香港城市理工學院電腦科學系

8

從程式語言到軟件發展

8.1　引言

　　從四十年代開始，人類便開始研究電腦，至今已有五十年歷史。今日，我們依靠電腦處理無數商業上及日常生活的需要：例如，不同的工業機器及銀行服務等都由不同的電腦系統協助，以確保準確地和快捷地操作。那些不同的電腦系統全都是依從電腦程式來運作的。沒有了程式，整部電腦就等於廢物。既然電腦程式是那麼重要，我們不妨看看電腦程式的基礎：程式語言。

　　電腦大致上可分為硬件和軟件兩部分。簡單來說，硬件就是那些可以見到和觸摸到的機件；包括輸入機件、輸出機件等。軟件則是那些收藏在磁碟裏的密碼；它本身就是一系列的指令，用來直接或間接地控制那些硬件。要電腦的運作達到理想的效果，必須提供有條理的一系列指令，這就是電腦程式。

　　對電腦而言，它祇可以明白一些由 '0' 和 '1' 組成的指令，或稱機器碼。如果人類要用這種語言來和電腦溝通，那就辛苦極了。試想你可以記着 00110101 是甚麼指令嗎！

8.2　程式語言的種類

　　電腦程式的構成是基於程式語言，它們可分為三大類：機器語言（machine language）、匯編語言（assembly language）以及高階語言（high-level language）。前兩者是較底層次的語言，它們較高層次的語言難於使用。更重要的是，每一種低層次的語言都是依據某一種硬件而編成的，換句話說，它的每一個指令就只有這種硬件才可明白及處理。而高層次的語言就相對少了限制。通常高層次語言較為近似我們常用的語言，尤其是在運算上。例如以下的算式：

$$A = B + C$$

大部分的高層次語言都可以直接翻釋成原本算式，而低層次的就會像：

匯編語言	機器語言
LOAD B	0……
ADD C	01……
STORE A	10……

由此可見，編寫電腦程式的工作人員都會喜愛較高層次的程式語言。那麼，低層次的語言又有甚麼值得保留？為甚麼高層次語言不可以完全替代低層次語言呢？以下我們要先了解這類語言發展的歷史及經過，再從不同角度看看它們的地位及價值。

8.3　發展歷史

人類發明的第一部電腦跟現時科技比較衹可算是一部巨型計算機。它體積龐大，運算速度卻比不上現時的私人電腦。第一部的大型電腦建於 1946 年，它重 30 噸，佔地 1,500 平方尺，編制程式要利用數以千計的電線及開關。稍後，諾伊曼（John von Neumann）建議把程式儲存起來；這樣編制員便可隨意更改或改善程式。到現時為止，這個概念仍廣泛應用於電腦行業。

　　每部電腦都有它的母語，就是機器碼和較為容易理解的匯編碼，它們亦代表了第一代語言。一些早期的高層次語言帶來人類和電腦溝通的突破，編制程式人員可以用一些更有意思的語言來編寫程式，保養及維修就容易得多了。這些可稱為第二代的語言，其表表者有 COBOL 和 FORTRAN。COBOL 主要是用於商業應用軟件編制，而 FORTRAN 則著重於工程及科學工作。它們都各自擁有廣大的用戶，主要是當時的高層次語言有限，當人們接受了一種語言，信心亦相繼提高。在不斷發展下，獨立功能的軟件也慢慢增多。

　　隨着電腦的進步，軟件需求亦跟着增加。很多新的電腦程式語言都活躍於不同的軟件編制，這就形成了第三代的語言。到底怎樣才算是第三代語言呢？這一代的語言，必須配備完整數據結構（data structure）及程序，大多數都以第二代作根基發展而成，其中包括 PASCAL 和 C 等。PASCAL 早在七十年代早期就已成為教學程式語言的首選，因為它備有良好的數據結構制定功能，亦廣泛地用於工程和科學研究工作上。C 更是一個突破，因它兼備高層次和低層次語言之優點。C 原本是用作發展系統軟件，開放式系統 UNIX 就是用 C 編寫而成，現在它在市場上有一定地位。隨着市場的增長，很多發展商都採用 C 來編制軟件以確保能打入 UNIX 這個市場。C 的主要成功因素是它備有多元化的數據結構和可以直接跟硬件溝通的渠道。

8.4　發展與更新：多方面的考慮

8.4.1　從工商業的角度以觀之

　　電腦對工商業發展影響很大。很多繁複及規律性的工序都由電腦取代。其處理效率和準確性都比人手操作好得多。正如上文提到，商用軟件大多是以 COBOL 編寫，要脫離這個語言規限就較為困難。還有是硬件成本不菲，維修保養亦不便宜。那麼何不整套系統重新編寫，以第三代的語言配合先進的硬件，這不是應該可以製造出更好的應用軟件嗎？

8.4.2 投資角度

要達到電腦化的目標，早期在硬件上的投資一定很昂貴。為配合不同商業運作，應用軟件亦多是特別編寫，所用的人力物力也非小數目。還有要確保整個應用軟件運作正常，資訊部門更是必需的。以上是一些具規模的公司必備的條件。更換新系統的話，即使硬件可以保留，新的應用軟件也必須採購或重新發展，還有就是要重新培訓資訊部門成員以維護及保養新系統。單是這兩方面的投資已是不可忽視。如果需要更新硬件，投資就更加大。另外，新系統在發展期間的開支更是有如石沉大海，好處沒法即時體現，直至系統完成及使用後才漸漸顯現出來。

8.4.3 採用者角度

當應用軟件被使用一段時間後，採用者就會接受和習慣它的使用程序；同時他們亦會察覺可改進的地方。另一方面，他們的要求也開始增加了。如果要滿足他們的要求，在現有軟件上加以改良是最直接的方法。要重新發展新軟件以達到改良目的，在時間上和人力上都屬不智。

8.4.4 資訊部門之角度

因為早期參與硬件和軟件的發展投資，資訊部門人員都應對整個系統瞭如指掌。若採用者有所要求，他們對程式作出更改或改善，便可以滿足用戶；但如果遇到些複雜的要求，更改程式可就難了。這就是具規模的公司所面對的主要困難。更甚者，有些應用軟件是由第三者發展的，資訊部門根本就對系統毫不知情，維護及保養就更是難上加難。

從以上種種角度觀之，雖然很多商用軟件仍是採用第二代的科技發展而成，它們仍然具有實用的價值。今日，要找到有經驗的 COBOL 程式編寫員已不容易，可是這類人才的需求仍不少呢！

到底甚麼原因會令商用公司重新開發應用系統呢？最首要的理由就是現有的硬件已擴展至極限，又或是擴展硬件費用非常昂貴；此外，一些舊型號的機器早已在市場上消聲匿迹，要擴張也無從入手。但始終不可忽視的是，為了應付電腦應用需求的增長，硬件擴張還是最實際的。事實上，現在硬件的發展日新月異；不但體積比相同處理功能的舊型號電腦小，而且功能也增進不少。一部配有 Intel 80486 的私人電腦可以比美十年前的中型電腦，維修方面更不用說。我就曾參與一個工程把一部 IBM 3090 的全部系統，重新發展在幾部小型的 LAN 上。根據我們的資料，維修這些 LAN 的費用跟那部大機比較就像九牛一毛。至於最重要的系統回應速度，就更勝以前。

此外值得注意的是，發展新系統還可以取得經濟效益。雖然發展新系統確乎需要一段時間，可是一旦發展成功，我們就不再受 COBOL 所規限，這時候，採用新一代（第四代）語言，不但發展省時，維修保養也較容易。

另一方面，在工業上應用電腦的還有很多是使用第一代語言的，例如自動化工廠、機械控制系統等。理由很簡單，這些大多是做些很規律性的工序，沒有複雜的邏輯。那麼程式員便祇須編制簡單程式，不用把程式編寫至對使用者友善（user friendly）的階段。通常一套軟件只有 20% 是真正工序的要求，其餘 80% 都是要達到對使用者友善的要求。就以使用微波爐的軟件來說，它祇接受用者輸入的時間、熱量等資料，輸入錯誤就祇聽到 "嗶" 一聲；這樣的應用軟件，用機器碼編寫絕非複雜，而且肯定回應速度快捷得多。

8.4.5 從學術角度以觀之

電腦科學已經成為一門熱門的科目，很多大學及專上學院都設有這門學科，至於所教授的範圍則或略有分別，主要是視乎學生的主修科目。不過有一點是可肯定的，就是學生必須學習第三代電腦語言。例如，一般來說電腦系學生大多要修讀 PASCAL，工程系學生要修 C，而商科的就要讀 COBOL。

為甚麼要從第三代語言入手呢？因為這一代的語言是較為容易理解和接受的。它可以給學生提供多種數據結構的組成和用途，提供一個溝通媒介讓學生可以直接控制電腦。這當然祇是一個開始，但足以提起學生的興趣，尤其是那些對電腦一無所知的。

另外就是要學生熟識他們主修科目有關的電腦知識。電腦在商業上的廣泛應用使到大部分文職人員都要操作電腦，既然如此，學生必須具備電腦知識才可在社會上一展所長。在這方面，第三代語言也提供了最好的教學基礎。無論如何，相信在不久將來仍沒有另一個語言可以取代第三代語言在學術上的地位。

*　　　*　　　*

總而言之，由於種種原因，到目前為止，第三代語言仍是程式發展的基礎。這尤其可見諸近期的熱門話題——IBM KS 6000；首先，它在價錢方面由從前的巨大數目變為合理可取，而其功能處理能力沒有因此而減省。最重要的就是它所選用的系統 AIX，是一套跟 UNIX 相若的系統。UNIX 這系統其實早已在市場上有一定的地位，可是它打不進以 IBM 為根基的用戶；這套系統全是由 C 編寫而成，還有是開放式（即整個系統構造毫無保留地公諸於世，用者可自行研究及改寫部分程式），至今已有很多軟件發展商編寫了無數軟件運作在 UNIX 上。現在再加上 IBM 的新機器亦以類似 UNIX 的 AIX 運作，相信這系統的進一步普及指日可待。既是如此，C 的通用性將會更大，亦即是説第三代語言將會在市場上保持一定的影響力。

第三代語言的命運在很大程度上繫乎商用電腦應用軟件的發展。正如上文提及，若商戶沒有發展新軟件的意思，那麼第二代的 COBOL 很可能仍是商業應用軟件的皇牌。至於那些從未電腦化的商戶，他們基於經濟理由很可能會選用新的 IBM 系統；這個系統的應用軟件已經五花八門，直接選購適用的軟件可以省卻不少發展時間。在這情況下，相信第三代語言仍會在市場上活躍一段時期。

8.5　第四代的入侵

以第三代語言作為基礎，軟件發展不但在質量和結構上進步不少，而開發時間也相繼減少。不過這一代電腦語言的運用仍局限於電腦知識的編制員；亦即是説，要得到某些資料，用者必須編寫程式來達到理想要求。要是使用者不懂得編寫電腦程式，那麼就一定要由已編寫完成的程式來接受輸入，然後輸出結果。

很多固定的運作程序都已經有完善的軟件，採用者祇須根據指示輸入資料，各種不同的資料或報表都可以得到；這些軟件包括會計、應收、應付等多個應用範疇。既然軟件充足,為甚麼採用者仍然需要軟件以外的資料及報表呢?

首先,普通的應用軟件都是根據常用的運作程序發展而成。可是各公司或多或少都有自己的運作程序。此外,資料需求亦各有不同;最常見的就是報表形式及資料數量方面。例如,編印訂單的送貨地址可從不同的資料記錄取之。又例如用者很多時因應不同需要而須編印一些隨機報表。在上述的情況下,除非公司自備程式編制員,否則使用者必須自行編寫程式以取得所需資料。第四代語言就是在這情況下應運而生。

這一代的新語言需要用者編制所需資料的規限。其實用者祇需指定一些條件及所需資料,結果就會相應而出。這裏我們看看以下的例子:"列出所有 25 歲以上的營業員"。要留意的條件是"年齡 > 25",及所需資料是"營業員姓名"。

SQL 是這一代語言的表表者,當然還有很多第四代語言,不過這是最早標準化的。自從 IBM 的 DB2 推出市場後,SQL 也跟着在市場上得到一席位。現時不少的程式語言都採用 SQL 向資料庫進行存取。採用者也很容易學習和使用 SQL 來應付急時之需。以下是用 SQL 編寫的上述例子的程式:

```
select  營業員姓名    select name
from    營業員資料    from salesman
where   年齡 >25      where age >25
```

"select"選出所需資料,"from"指定資料所在,"where"列出條件。

第四代語言的基本特點,在於用者只需要列出所需資料及其所需符合的條件,用者不必知道資料是怎樣得到的。這樣給予用者更高層次的抽象。正如以上的 SQL,用者完全不用理會營業員的資料是怎樣取出及怎樣比較其中的年齡。簡單説，就是用者可以全不知道資料取出的整個程序。

這樣的語言又有甚麼好處及壞處呢？對用者而言，每個問題如果可以分辨出所需資料及所需條件，祇要把它翻譯過來，就可得到理想結果。然而單獨運用 SQL，就會失掉了友善的使用者界面（ user interface ）。最常見的補救方法是把 SQL 放置在第三代、甚至是第二代的語言程式內。這樣，友善的使用者界面和第四代的優點都可以享用。可是困難又出來了，用第二、三代語言編寫使用者界面絕不容易。

依據第四代語言的特性，使用者可以指定使用者界面所需的資料及其所需符合的條件，但是編制使用者界面不一樣可以用第四代的方法。現在提供這一類服務的多是程式編寫器（ code generator ）。用者透過圖象式使用者界面（ graphical user interface, GUI ）以訂定其需要及條件，經過編寫器而編制出一系列的第二或第三代程式。雖然包含舊一代的程式，但整套軟件是不經人手編制而成的。

8.6 對軟件發展的影響

軟件發展已有多年歷史，可是由於電腦語言不斷的改進，加上軟件要求日增，高質量及可重用性軟件便成為每個人的要求。而發展軟件的整個程序便是改良的目標。早在八十年代中期，發展軟件程序便開始跨進新一步。由軟件的構思至完成都很小心處理，更要記錄每一期的目標及成果。相對而言，以前的軟件發展多用樣機研究（ prototyping ），發展記錄大都不完整，以至質素和可重用性較低。

現在軟件發展已制定了不同步驟。由軟件發展可行性開始，研究出發展可取的地方。很多時軟件發展是可以幫助業務發展，但若開發費用過於昂貴或受益不多，開發可行性就絕對有問題。跟着就是系統分析，這裏通常都要經過與用者溝通，記錄所有要求和現有運作程序，再加以分析並諮詢用者，以達到詳盡的了解。經用者同意分析結果，軟件系統設計就可以開始，再根據設計來制定所有功能。整套設計及功能制定完成，軟件發展便可正式開始。完成後經過詳細測試及改良，軟件才可使用。

以上一系列的工序都很繁複，不過對軟件開發有很大的幫助。跟從前的比較，總有可取的地方。例如，研究開發可行性，可避免盲目發展不適用的軟件。系統分析可以讓發展商清楚了解用者的需要，從而據以制定每部門的運作範圍。小心和詳細的系統設計可以分開各軟件部分的功能，更重要的是找出各部分的共同點，加強軟件的共用性。至於詳盡地記錄軟件各部分的功能，共通的軟件可以獨立開發以求更高的獨立性。如果以上的軟件開發程序都清楚記錄下來，開發軟件也就衹不過是把功能制定轉譯成電腦語言，時間可節省不少。最後經過嚴格的測試以確保軟件符合當初的設計及分析，如有更改就必須由系統設計開始，以記錄對其他部分的影響。

以下我們看看以第四代軟件發展為根基的不同產品，考察由開發至完成的軟件發展過程。

8.6.1 Ingres

Ingres 主要是一個資料庫，發展商可以用 SQL 來存取資料。在開發過程中最麻煩的可算是發展友善的使用者界面。其中發展商可用第三代語言（例如 C）結合 SQL 來製成軟件；這樣就同時採用了第三代及第四代科技。另一開發辦法是採用 Ingres 供應的工具；這就是完全採用第四代科技作軟件發展。

其工具 Vision 就是給現代軟件發展工程提供支援。首先，詳盡的分析及設計仍然需要人手處理，當軟件部分功能及資料庫制定後，設計就可輸入電腦。這工具讓發展商可以把有關資料或某些獨立功能聯繫起來。它還給予發展商設計使用者界面的能力，發展商只需在螢幕上設計輸入的畫面及資料輸入所必須符合的要求；例如，輸入供應商密碼時，密碼必須存於有關供應商的記錄中，不然就是輸入錯誤。要注意的是，發展商不用編寫任何程式以達到這功能；程式會由程式編寫器自動編好。這亦即採用了第四代科技的特點。

若要更改程式的話，發展商可經 Vision 改變輸入條件，然後再次自動編制程式。同樣，編寫程式亦是完全自動的呢！至於一些簡單的報表就可以從 SQL 直接得出，或經由 Vision 造出較友善的使用者界面來得出所需報表。

8.6.2 Oracle

Oracle 同樣是一個資料庫管理系統，再加上不同的工具以方便軟件發展。SQLFORM 跟 Ingres 的 Vision 一樣讓發展商可以制定使用者界面，並以 SQL 存取資料庫。它具有 " 觸引 " （trigger ）概念，這涉及輸入前或輸入後所須符合的條件及處理。例如，把以下的資料輸入螢幕：

供應商密碼：＿＿＿＿＿＿＿＿ ①

供應商姓名：＿＿＿＿＿＿＿＿ ②

供應商地址：＿＿＿＿＿＿＿＿ ③

通常用者可依據密碼及姓名作檢索，當找到所需資料，整個供應商的資料就會出現於螢幕。現在我們嘗試加入 Oracle 的 "觸引" 功能，首先要加在①的輸入後；這須要用 SQL 來作資料檢索，當找到後就必須輸出有關資料到②和⑤。其次就要加在②的輸入前，當資料已出現在②，用者就不可以輸入新資料或更改姓名。還有就要加在②的輸入後，當用者可以輸入資料即供應商姓名，就必須用 SQL 來檢索，情況和①的輸入後相同。用這類的軟件開發工具，發展商根本不用編寫任何電腦程式，就算是 SQL 也祇算是第四代的詢問語言（query language）。相對簡單和迅速得多。

在報表方面，Oracle Report Writer 可以供發展商制定報表形式或指定所需資料，同樣不需編寫程式而可編印報表。

此外還有另一工具給予發展商分析和設計功能。在分析上，發展商可用流程圖記錄運作程序。流程圖優點在於容易明白及易於更改，還有就是儲存起的流程資料較易處理，所有更改可即時加插在現有資料上。在設計方面，可由已存有的流程圖加以改善轉變成新系統設計的基礎，其次就可設計所需資料庫基礎資料。這工具更可改善現代軟件發展工程的首兩步驟。有些更設有數據設定（data definition）功能，編制數據設定的程序（SQL create table）。

8.7　三四五之間

8.7.1　可否完全取代第三代語言？

無可否認第四代語言在軟件發展上有一定的幫助，但它是否可以完全取代第三代語言呢？我們嘗試研究 SQL 在資料庫的存取及自動程式編制這兩方面的利弊。

SQL 既已成為標準的詢問語言，受接受情況自然不錯，尤其

是很多不同類型資料庫都以 SQL 作其資訊語言。另一易獲接受的
原因就是它的指令易於使用，很多沒有電腦基本常識的人員都很
容易上手。

至於自動程式編制就較有爭論性。不錯，它可以達到第四代
科技之目的，但是現有的自動編制程式都有很多限制。利用特別
工具在螢幕上列出所需資料及運作程序，一些繁複的運作程序就
無法表達；解決辦法只能是把特別程式加插在自動程式內，但這
到底仍是需要編制部分程式。還有就是運作上需巨大的改變時，
自動程式要從頭編制，這就會蓋過已加插的自編程式。

8.7.2　第四代的前景怎樣？

到現時為止，完全依賴第四代科技來發展軟件仍未夠成熟。
在使用者界面這方面，用者要求漸高，而要達到理想成果，特別
編制程式在所難免。相信，第四代軟件發展要依靠更完美的工具
才可更進一步。

8.7.3　第五代的突破

當接觸到第四代語言的發展，人類又開始開發另一種編制程
式的方法。可是到目前為止，第五代的發展仍然未成熟，更加未
有被公認的定義。那麼這一代的趨向又怎樣呢？

如果我們回顧第四代的特色，首先就是放棄了程序性的電腦
程式。第五代要更進一步，就須至少保存第四代的優點。對用者
來說，無疑第四代語言較以前的友善，學習迅速及容易應用。其
中主要因素是第四代的詢問方式跟較常用的問題相似。若然一個
普通的問題可以不加更改，而電腦就可以依據處理，那麼這種語
言肯定會受大眾歡迎。當然，真正的可取與否就要等待第五代科
技的推出及市場的反應。

8.8 結語

既然電腦語言已經有那麼多種類，可否根據它們的好壞或接受程度排一個序次？事實上，沒有一種語言是普遍一般地較另一種好的。譬如，COBOL 在商用軟件發展方面較 FORTRAN 好，可是在科學軟件發展方面，FORTRAN 就肯定佔先。所以，排一個一般的次序是沒有意思的。不過我們可以看看各種類的語言個中的特點。

第一代語言機器碼在程式編寫上較為繁複，可是速度最快，因為每一指令都直接控制有關硬件。還有，新的中央處理器發展都必定需要機器碼作其控制語言。那些儲存在主機裏的程式也必定是這一代的機器碼。

第二代的語言就較為遜色——雖則很大數量的舊式軟件都是由這代語言發展而成。維修及保養仍會令這代語言浮沉於電腦資訊市場。至於發展新軟件就比較渺茫。

第三代將會活躍於工商業及教學上。結構性程式編寫仍是最好學習基礎電腦程式的工具。C 的普及更加鞏固這代語言的市場地位。還有開放式系統正冒升，而這系統是以 C 發展而成的。相信我們仍會有很多機會接觸到它。

第四代現時仍有待觀察。普遍來說，人們對於這一代的概念都很接受，可是適當的工具仍有待發展。目前，完全使用這一代科技發展軟件仍有些限制。

最後一提就是"目標導向的程式編制"（object oriented programming）。根據這一概念，軟件發展可以更加獨立以至重用性極高。還有整個語言結構可有助於大型軟件開展。每個目標都是獨立的，易於保養及維修，而且即使需要更改也可集中於有關的目標。

9

系統發展新方法

江榮基・香港城市理工學院科技學部

9

系統發展新方法

9.1 引言

七十年代初期可以說是終端使用者電腦化（end-users com-
puting）的萌芽期。自從那時開始，電腦開始逐步滲透入各機構
的不同層面。而要求電腦化的文件更如雪片般送到公司的電腦
部。可以說所有人都希望藉着電腦來減輕或改良他們現有工作的
質素和生產力。於是電腦部便成為公司的一個＂樽頸＂地帶。他
們沒有能力去滿足公司內所有使用者的要求，於是他們便開始開
放新的軟件發展渠道和改良現有的發展模式，較後期更希望將一
部分的發展工序自動化。所以若要理解這個困境中的張力，我們
需要從多方面探討當代軟件發展的情況。

9.2 軟件發展渠道

在探討現今的軟件發展模式之前，讓我們來研究一下電腦軟
件的發展渠道。若我們回到三十多年前，當 FORTRAN 和
COBOL 剛面世不久，任何人若需要一套電腦程式，他便只有一
個方法，就是僱用一些程式編寫員，針對當時特定的需要而編寫
一套電腦程式。這就是內部渠道（in-house approach）的前身。
發展到現今世代，這基本模式還是大同小異的。很多較大的企業
也有自己的電腦部門。單以香港而言，大型的電腦部門動輒可能

多達數百名職員，其中如香港政府的資訊科技和服務署（Information Technology & Service Department）、香港匯豐銀行和國泰航空公司的資訊系統部門等。

這種發展模式的優點主要在於能直接針對公司的問題和需要而發展程式，所以公司的獨特性往往得以去蕪存菁，而且更能進一步發揮其競爭中的優勢。但另一方面，這發展渠道卻可能導致以下的情形。

9.2.1 效率和果效的協調

在這簡單的僱主和僱員的關係之下，程式編寫員自然會"按本子辦事"，盡量滿足僱主的要求。所以若單從效率（efficiency）而言，這渠道往往能提供一個十分快捷和直接的途徑。電腦使用者，亦即僱主，亦往往能得到他們所要求的軟件。但在果效方面而言，由電腦使用者自己決定軟件的功能是否恰當呢？雖然他們是最能了解現有的工作系統和架構，但在沒有充分理解電腦的功用和長處前便決定軟件的取向和定規，卻不免流於輕率。細心分析這現象，大致可將這些不合適的軟件要求分為兩大類：

a. 天方夜談式：當缺乏正確的訓練和實際的參與，某些電腦使用者便"退而求其次"而將他們日常所接觸的"資訊"作藍本，若不幸他們接觸新科技的主要來源是出於科幻小説或電影如"星球大戰"等，那麼他們要求電腦能像 R2D2 般多才多藝，又或像 C3PO 一樣能以多種日常語言作媒介，亦實在是大不乏人。

b. 大材小用式：較"保守"的使用者在不明白電腦的操作模式時便保守地要求取代他們現有的工作。於是程式編寫員便"小心謹慎"地將現有的工作步驟譯成電腦程式。如是者我們便可能將電腦的長處諸如分析、比較和歸納等被完全摒棄。另一方面，要求程式化（algorithmic）的電腦去模仿人類的歸納探討式（heuristic）行為亦是一個難題，故此在果效上往往事倍功半。

內部渠道發展至近代已漸漸擺脫由僱主＂一言堂＂控制的局面。很多大公司的資訊系統部亦漸漸由服務提供（service provider）的角色提升至策略性（strategic）的層面。雖然這是可以令這種發展渠道在果效上有改進，但在架構上卻沒有以前般簡單和直接，故就效率而言亦大不如前了。

9.2.2 軟件的質素

高質素和高度可靠是現今優良軟件必需的條件。但在上述內部發展渠道之下，這些因素是較難有保障的。當軟件使用者和軟件發展者是在同一屋脊之下，很多時在決定某一軟件的取捨時便不能完全摒棄已建立的人際關係而完全以軟件的質素為依歸。再者即使我們真的認為某軟件的質素有問題，但由於公司已投資了一定的人力、物力、資源和時間在這軟件的發展過程上，現在決定放棄可能已是太遲了。所以除非那軟件真的存在十分大的問題，否則便只可以＂見一步，行一步＂接納它作權宜之計。

9.2.3 資源的浪費

一些較小型的公司常常存在人手調配的問題。在電腦軟件程式的發展上，他們往往是以計畫（project）作單元。於是在計畫與計畫之間便往往出現一些空檔時間。這未能充分使用電腦專業僱員的情形，在香港的中小型製造業（例如製衣等）是司空見慣的。

另一個浪費資源的情形是不斷的重蹈覆轍。很多時電腦使用者在面對他們的問題時因為太着眼於細微之處，所以他們往往覺得需要處理的是一個獨一無二的問題。但其實從電腦操作的角度而言，這些問題基本上是大同小異的。就以香港的製造業來說，較熱門的應用程式不離應收賬（accounts receivables）、存貨管理（stock control）和訂單處理（order processing）等等。這些類似或甚至相同的問題往往重複地在不同的公司作個別發展。於是便導致整體上浪費電腦從業員的人力資源，甚或引至不必要的人力資源緊張。

縱觀以上各點，內部渠道實未能算是一個適合香港以中小型企業為主流商業模式的發展渠道。而且要成立一個電腦部門，基本投資和經常性開支實在所費不菲，對於一些較小型的電腦使用者如個人電腦用戶等更是力不從心。所以實有發掘其他軟件發展渠道的必要。在眾多的選擇中，以軟件顧問公司和套裝軟件較為常見。

套裝軟件的口號是＂價廉物美＂。試想若我們要發展一套在功能和包裝上可以和市面上常見的套裝軟件相提並論的程式，我們可能要付出超過套裝軟件的訂價的數十倍或甚至過百倍的價錢。套裝軟件的出現往往是針對一些較常見和普及的問題，如上文所提及的會計和存貨管理等。這些問題都有一個共通點，就是日常工序有一個特定的模式或標準。縱使是不同的公司或行業，他們在會計這一範圍之內的要求是沒有大分別的。所以電腦軟件發展商便往往針對這些可以詳細說明和定義的範圍而提供一套完整的方案。和內部發展渠道相比較，套裝軟件更能有效地運用資源，因為使用者不用重蹈別人的覆轍，亦不用擔心在發展期間所需要的額外資源。對一些不十分明白電腦操作的使用者，套裝軟件可避免了自己去決定軟件的功能，從而避免了＂天方夜談式＂或＂大材小用式＂等不適當的期望。在另一方面，套裝軟件所能提供的適應能力卻頗有限，必要時電腦使用者甚至需要為因應軟件在設計時所假定的事項而將現有的工作程序作輕微的修改。但對於一些小型的電腦用戶而言，這可能是他們唯一能負擔的途徑。

另一個可供選擇的渠道就是僱用軟件顧問公司。就軟件的發展工序而言，這渠道和內部渠道實在是大同小異的，唯一不同的便是和軟件顧問公司就軟件的發展程序訂下了承包契約。於是電腦使用者便不用費心去建立自己的電腦部，或作出管理資源上的調配等。另一方面，使用者亦可從這渠道而獲得他們所需要的獨特軟件功能。對於一些中型電腦用戶而言，當他們不能負擔內部渠道而套裝軟件所提供的功能和性能亦不能滿足他們的需要時，僱用軟件顧問公司實不失為一個十分有效的折衷途徑。

9.3 軟件發展模式

適當的軟件發展渠道固然有助於增進軟件完成的效率，和減少不必要的軟件發展工程。但當一個全新的軟件發展計畫是無可避免之時，一套完善和合適的軟件發展模式便是必需的了。這當中的模式大致可分為兩大類：原型（prototyping）發展模式和軟件發展生命環（software development life cycle）。

9.3.1 軟件發展生命環

自七十年代開始，電腦軟件發展商漸漸發覺以往以程式編寫作主導的發展模式實在有很大的缺點。於是他們便開始將較多時間放在程式的設計上。稍後他們又發覺好的程式設計並未能確保軟件的成功；明白使用者的要求，亦即系統分析，才是更基層的工序。如是者整個軟件發展的過程便漸漸被分成數個段落。除了上述的三個段落，其他較常提及的包括早期的可行性研究和軟件發展後期的系統測試、交收和保養維修。雖然不同的教科書在分段和命名上可能略有出入，但在實則工作分配上卻是沒有甚麼分別的。

在較詳細探討這些工作段落之前，我們需要澄清＂生命環＂此一名詞之意義。雖然在正常的發展過程中各分段是連續的，但在某些情形之下我們發覺實在有退回一步的必要。例如在程式設計時，發覺某一小節的要求是不可能達到的，我們便需要回到之前的系統分析重新釐定軟件的要求。另一方面，在軟件發展的盡頭是保養與維修。但在這一階段我們不難發現一些新的要求，於是一個新的軟件發展計畫便重新開始。這個循環的現象便是生命環的由來（見圖 9.1）。以下就各工作段落稍作介紹。

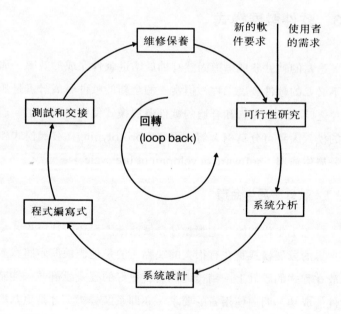

圖 9.1　軟件發展生命環

a. 可行性研究

雖然電腦軟件發展計畫是可以從多方面發起的，但較大型的系統便需要由專人作一個初步的研究來作取捨。這一階段通常要有三個工序，分別為澄清計畫的要求和範圍，對計畫書作一個初步診斷以決定它的可行性，和最後決定應否落實這個計畫。可行性研究並不嘗試提供問題的答案。甚至系統分析也只限於十分表面的層次，其目的在於能對計畫書在技術、經濟效益和實際操作上三方面的可行性提供足夠的資料。這階段往往是整個發展計畫的第一個決定性時刻。

b. 系統分析

這階段是對現有和將來需要的系統作詳細分析和定義的時候。當中需要回答的問題有很多，例如：

- 現有的系統有甚麼功能？
- 現有的系統是如何操作？
- 現時需要處理的事項和數據有多少？
- 現有的系統的表現如何？
- 有沒有已認定的問題存在？
- 如已認定了一些問題，那它是否嚴重？
- 如已認定了一些問題，那它的成因是甚麼？

這階段的成果將是一份定義新的軟件系統功能和要求的文件，我們通稱此為軟件要求規格（software requirement specification）。

c. 系統設計

這階段的目的是要訂定一個新系統的設計，此新系統必需要滿足系統分析時所提出的問題和要求。一個完整的設計會涉及設計系統的輸入、輸出，和需要儲存的數據和它的格式等。另一方面,這設計亦要說明需要的程式,因為它將是編寫有關程式時的藍本。

d. 程式編寫

除非在系統分析時決定採用市面上的套裝軟件,否則系統設計中所列舉的程式都需在此階段編寫妥當。所有一切重新編寫或修訂的軟件都需要附上詳細記錄文件以作安裝、維修和日常使用的指引。

e. 測試和交接

新的系統在正式移交給使用者前需要經過一定的測試程序以確保其完整和運作功能。這當中可細分為功能測試(function testing),模組測試(module testing)、系統測試(system testing)和認可測試(acceptance testing)。在移交使用者時亦需要有周詳的計畫,可供選擇的方法有即時交接(plunge-in changeover),分段交接(phase-in changeover)和並進交接(parallel changeover)。

f. 維修保養

在系統正式移交使用者之後,日常運作的功能和服務可以說是以往各階段辛勞的成果,這也就是軟件發展生命環中的收成期。但在這階段當中,往往發現一些新系統中未達完善的地方,於是我們便要為這新軟件系統提供完善化的維修(perfective maintenance)。稍後當周圍的運作環境有改變時,我們亦要對軟件作適量的更改,使它能繼續運作,此為調適性(adaptive)的保養。而當運作環境有很大的轉變時,我們可能需要重新修訂整套軟件甚或重新發展一套新的系統。於是便開始是另一個新的軟件發展生命環。

9.3.2 原型發展

　　軟件發展生命環的理念自推出後便大受歡迎，但當實際運行時便發現它有一定程度的限制，其中較多提及的有以下數點：

- 軟件發展時間太長，不太適合中小型的軟件發展計畫。
- 當運作環境不太穩定時，實不宜花大部分的軟件發展努力在分析現行的系統運作和定義軟件要求規格。
- 在分析和設計階段太流於紙上談兵。因為軟件定義規格和軟件設計藍本皆只是紙上的模型。在未有實際的示範和操作經驗下，對電腦較陌生的使用者實在不易作一些可靠的決定，甚至投入參與亦十分困難。

　　在香港的商業社會中，超過九成的機構是被定義為小型商業（small–business）。於是軟件發展生命環的適用性便大大降低，代之而起的便是原型發展模式。原型發展的工序大致如圖9.2所示。

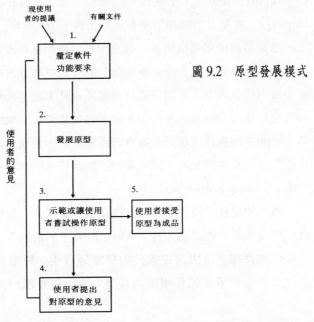

圖9.2　原型發展模式

如圖中所示，工序 1-4 是會不斷重複直至使用者滿意原型所提供的功能和操作界面（interface）為止。

原型在整個發展模式中可以說是萬分重要。它既是各工序中穿針引線的媒介，亦是將來獨當一面提供軟件功能規格的最終產品。但究竟這原型是甚麼呢？和真實的系統又有甚麼分別呢？

在某一角度而言，原型可被形容為 " 空殼 " 系統。它具備將來真正運作時所用的一切界面。它需要處理和提供符合規格的輸入和輸出數據，但卻並不能處理真正的數據，例如在輸入確認（input validation）方面它並不能如正常操作的系統般認出所有的錯誤。在處理運作上，原型只着意於模擬實際的工作，而不一定是可以提供真正的運作。所以它雖然在外表上和實際的系統十分相似，但在骨子裏它卻只是一個空殼，一個供研究、嘗試和溝通的工具。近代的軟件科技如關係性資料庫管理系統（relational database management systems）、報表／螢幕產生器（report/screen generators）和非程序語言（non-procedural language）等都是發展原型時常用的工具。

當原型被使用者接納後，只有少數的原型會被改良而轉成為實際的軟件系統。大部分的原型都只限於提供軟件規格。這當中的主要原因是因為用非程序語言發展的軟件多數在操作上較慢，而且比程序語言發展的軟件需要較多的電腦資源。所以直至現時為止，頗多的軟件發展計畫都會將原型棄之不用而重新編寫一套由程序語言為本的軟件。這一類的原型我們可稱之為棄置的原型（throw-away prototype）。

雖然原型發展模式能針對軟件發展生命環的一些缺點，但它自己亦存在着一些問題，其中較嚴重的有下列數點。

- 文件編寫：因為在軟件的發展過程中，原型成為了提出要求和釐定軟件規格的基礎，所以在整體的文件編寫上便常常出現不足之處。

- **發展計畫的管理**：在原型的發展計畫中，很大部分的人力和資源是用在重複地發展和評估原型方面。這過程中究竟應重複多少次？實在沒有人能判定，較差的情形甚至形成不斷的重複而令整個軟件發展計畫沒了期。

- **資源運用**：新的軟件科技固然方便，但現今階段仍然是十分浪費電腦資源，而且在軟件性能方面亦較差。

最後在這裏作一個小小的總結，那就是生命環和原型發展兩者當中，並沒有當然的優勝者。在決定要選用哪一種模式時我們應衡量時間、人力資源、電腦資源、計畫的大小和複雜程度等多方面因素，才可以下判斷。

9.4 結構化系統發展理念

軟件發展生命環只是一種發展模式，它提供了一個方向給軟件發展者去解決問題。但它並沒有設立一個具體的結構去界定、計畫和完成各工序。對於一些不是十分有經驗的軟件發展者，他們可能在忙亂中漏做了一些工序。就算對大部分曾經有＂生命環＂發展經驗的軟件發展者來說，他們也多是戰戰兢兢的，而且多數不能一開始便為軟件發展計畫列出一張工序表，從而去就時間和各項資源作出預算。於是各方便傾向於發展不同的軟件發展方案（methodology），當中較為香港人熟悉的是Yourdan 的結構化分析（Structured Analysis）和 Page-Jones 的結構化設計（Structured Design），M. Jackson 的系統發展方案（Jackson's System Development），Softech Corporation 的結構化分析及設計技巧（Structured Analysis and Design Technique）和英國政府沿用的結構化系統分析及設計方法（Structured systems

Analysis and Design Method）等。

就上述四種方案所見，大家在提出自己的方案時雖然有不同的背景和假設，但卻不約而同強調一種理念，就是結構化的理念。究竟＂結構化＂一詞代表着一些甚麼的哲理呢？它的進展過程又是怎樣的呢？且聽下文分解。

9.4.1 結構化技巧的進展過程

雖然我們在發展軟件時的三部曲是分析──設計──程式編寫，但在發展結構化的技巧時次序上卻是完全顛倒過來的。在六十年代開始便有很多專家提出需要更新當時的程式編寫方法。他們於是提出了使用一些一致性的結構方法進行程式編寫。他們要求將程式化或多個的模組（module），而一個模組只可以有一個入口和一個出口，於是便杜絕了以往濫用 GOTO 述句的情形。而且亦因此能對每個模組分別進行獨立的測試和除錯。後來經數學家推論出，無論是如何複雜的操作邏輯，都可以由三種不同的模組的不同組合來表達；這三種模組分別為順序（sequence）、選擇（selection）和反覆（iteration）。這就是我們今日的結構化程式編寫的來由。

漸漸當大眾的注意力由程式編寫移至設計時，大家便要求一套設計方法能將一個較大型和複雜的問題分析為三數個較小型和較簡單的模組來處理。但在分析的同時，各模組之間的界面卻需要清楚定義。七十年代 Page-Jone 所提出的結構化圖表（structured chart）正是代表着當時的結構化設計的技巧。

在七十年代的中後期，系統分析開始抬頭，於是系統化分析亦應運而生。這時提倡的是將一個系統分為兩個不同的模型來處理。這兩個模型分別為處理模型（process model）和資料模型（data model）。其中處理模型是用資料流程圖（data flow diagrams）來表達。資料模型方面可以說是各師各法，其中較為人所樂道的便是資料結構圖（data structured diagram ）、實體關係圖（entity relationship diagram）和正規化（normalization）等技巧。

9.4.2　結構化技巧的理念

結構化的技巧雖然在不同的階段有不同的表達方式，但它們的背後其實有一套共通的思想指導理念。這套理念大致可歸納為抽象化原理、先分化後征服和階組編排三個大前提。

1.　抽象化原理（ Principle of Abstraction ）

在處理一個問題之前，應先將環繞問題的因素如人事、地點距離、交投量等剔除，才能專注於問題本身。換句話說，我們應將一個附帶眾多實質因素的實際問題抽象化，使它成為一個只在邏輯性的層面才存在的問題。這做法的最大優點便是能幫助我們一針見血地去解決根本問題，而不必為瞬息萬變的環境因素所制肘。

2.　先分化後征服（ Divide and Conquer ）

因為人類能在同一時間處理的資料有限，所以在面對一些較大或較複雜的問題時便往往有束手無策的感覺。因此，若有需要處理這樣的問題，我們應先把它分化成為數個較細小的問題，然後才逐個擊破。例如當我們要發展一套會計系統軟件時，我們應就會計的不同功能而分出各個不同的次系統，例如應收賬、應付賬、總賬等。只要我們在釐定次系統的範圍時小心處理各次系統之間的界面，我們便能獨立地發展各次系統的軟件。到最後期才將各次系統連結到一起成為一套完整的軟件系統。

這理念其實並非新鮮。話說當年中國歷史上的戰國時代，韓趙魏楚燕齊六國曾一度聯盟共抗秦國，秦國那時也束手無策；後來秦施計將六國分化，然後遠交近攻，逐個擊破，終完成了一統天下的大業。這段史實充分表達了結構化理念先分化後征服的優點。

3. 階組編排（Hierarchical Ordering）

當我們決定了某些問題的解決方案時，我們應把它編排成一個樹型階組（tree-like hierarchy）的組合。就如樹之有根、枝和葉，我們的解決方案亦應按某些特定因素如等級或優先順序等排列成一組合。多項的研究證實這樣的編排方式除有助別人明白外，亦可幫助將來能按部就班地逐級建立我們的解決方案。

9.5 軟件發展的自動化

上文所述的軟件發展模式固然是各有所長，但當中卻往往涉及很多的人力、物力和時間。歸根究柢可說這是〝能醫不自醫〞。試想電腦從業員在職責上有絕大部分的時間是藉着電腦來解決別人的問題，這當中包括了提高生產力和簡化工序等。但當中又有幾許努力是用在改進電腦從業員自己的生產力和工序上呢？當電腦硬件在這數十年來有着驚人的突破時，我們所使用的軟件發展工具卻停滯不前。大部分的程式編寫仍是以第三代高階程式語言為基礎。在系統分析和設計方面，較新的技巧如資料流程圖（data flow diagram：DFD）和結構化圖表也是人手繪製的，費時失事外更將一些高度專業人員（如系統分析員）的工作降格至繪圖員的層面，因為他們實在浪費了很多時間在繪畫和修改這些圖表。

在原型發展模式的工具方面，近年較重要的發展方向是第四代程式語言。此一話題本書已有另文詳述，故不在此重複了。在餘下的篇幅裏，我們會概覽一下對軟件發展生命環有重大貢獻的電腦輔助軟件工程（Computer Aided Software Engineering，或簡稱 CASE ）。

9.5.1　CASE 的功能

若我們嘗試翻看一些CASE 產品的推介單張，不難發現一張長達數十項的清單，列舉某某產品的功能。更甚者因為在名稱上我們還沒有達致共識，故此在說明產品功能的用詞上更是百花齊放。同一樣的功能在不同的產品上會冠上不同的名字，有些似是而非，亦有些大不相同。但在這些錯綜複雜的功能說明中，我們大致上可歸納出以下四點。

1.　圖像繪畫／界面（Graphical Drawing / Interface ）

在結構化系統發展的大前提下，很多的分析技巧和設計表達工具如資料流程圖（DFD ）和結構化圖表等都是以圖像作依歸。所以大部分的系統分析／設計員都希望能有特別的軟件來減輕他們在這方面的負擔。圖像繪畫的功能在此不單使使用者能簡單快捷地繪畫出需要的圖像，更能在修改時避免了重新繪畫全圖的需要。某些 CASE 產品更能應用不同的系統發展方法，所以他們可以快速地將一些圖表由一種發展方法的標準改為另一個不同的發展方法的標準。例如 Exclerator 便能將一幅用 Yourdan 常規的 DFD 在轉眼間變為 Gare and Sassion 常規的 DFD。

2.　設計分析/評估（Design Analysis/Evaluation ）

若 CASE 單單停留在繪圖的層面，那它並不能算是一套精細奧妙的工具。大部分的 CASE 產品都可以就使用者所建立的不同模型（model）作出分析和評估。它主要針對的問題可分為三大類，就是資料遺漏、模型或級別間的自相矛盾和符號法則上的錯誤（syntax error）。

3. 中央資料庫（Central Data Repository）

每一系統的發展都會涉及很多不同的資料。無論是在系統分析時資料模型中的實體（entity）或其屬性（attribute），還是在設計時某一程式的模組，也都需要清晰無誤的定義。再加上各模型之間的互相牽連和不同使用者所用的慣性稱呼，以及在軟件發展過程中的人事變遷，實在有需要從一開始便有系統地收集和記錄所有系統中出現的名詞的正確定義。很多時我們要求的精確度甚至達於所有可以接納成為某一異數（variable）的基本單元；以僱員姓名一項為例，我們可能需要有以下的條款作解釋：

Name = First Name +（Middle Name）+Last Name

First Name = {character}^{25}

Middle Name = {character}^{25}

Last Name = {character}^{25}

Character = {A…Z / a…z /– / /'}

上述條項的意思是姓名是由姓、名和中間名所組成的（例如：John Edward Smith），而中間名卻並不是必需的。所有的姓、名和中間名都是由不多於二十五個字母組成的，而可以使用的字母則包括 A–2 的大寫和小寫、空位、" ' " 和 " – " 等符號，但卻不包括數目字。

從以上可見，這中央資料庫是十分龐大和繁複的。若沒有電腦的輔助，遺漏或矛盾可以說是必然的了，所以 CASE 在此扮演了一個十分主導的角色。

4. 編碼產生器（Code Generator）

既然新的系統的一切資料包括各式不同的模型和在中央資料庫中所記的資料規格，CASE實際上是有足夠資料去自動編寫所需的程式的。一些較為先進的CASE產品確實宣稱具備此種能耐。其他較次或較注重其他部分的，亦多能由中央資料庫的所記錄的定義和格式自動編寫所需的資料結構（data structure）或資料庫的概念綱目（conceptual schema）。

9.5.2　CASE產品的選擇

1989年全球CASE產品總銷值大約為五億五千萬美元[1]，其中美國、加拿大和日本佔了約95.4%。而香港在使用CASE這一方面是較落後的。在眾多的主要成功因素中，選擇一種合適的CASE產品實在是十分重要的。以下各項都是需要考慮的因素：

- 可以輔助某一種或多種的系統發展方案的引用；
- 與現在的電腦軟件和硬件相容；
- 具備和其他軟件發展工具聯接的界面；
- 在功能上能提供上文所述各點或其他的特別需要；
- 可以輔助軟件發展期間的計畫管理；
- 學習的困難度；
- 銷售後的支援；
- 在本地的分銷員。

可能因為需要發展的軟件和西方國家有不同，香港電腦專業人員對這些因素會有不同的強調。例如功能上香港人較看重在一貫性上的檢查（consistency checking），建立中央資料庫和具備某些可以輔助原型發展模式的設施；另外和現有電腦軟硬件的相容性亦是十分受看重的。

其他的主要成功因素包括在培訓上的安排，恰當地選擇第一個使用CASE的軟件發展計畫，容許使用者調改（customize）常用格式的程度、性能，或甚至一些機構內部的〝政治〞因素等。

9.6　總結

就上文所述的各點，我們可見系統發展模式實在是一個很大的課題。它的重要性亦是無可置疑的。另一方面，我們亦開始見到一些突破的迹象。例如在程式發展理念上我們見到〝OO〞一族（object orientated，亦即〝目標導向〞）的抬頭。事實上，目標導向的理念已由程式編寫和設計發展至分析甚至是資料庫等不同的層面。在自動化方面，我們亦可見新一代的CASE產品可以用在反向式的軟件工程（reverse engineering）上，從而令軟件的修訂和保養更有效率等。

由七十年代開始至今，我們已經驗了電腦硬件上的大突破，現正期待着電腦軟件在可見的將來也有重要的突破。到時候軟件發展相信無論在渠道、模式和理念上也有一定程度上的改進，否則從事軟件發展的專業人員將不能夠追上使用者和電腦供應商的要求了。

注 釋：

① J. Prakash, "How Europe is Using CASE", *Datamation*, August 1, 1990, pp. 79–82.

10

程式語言發展之回顧與前瞻

黃栢強・香港城市理工學院科技學部

10

程式語言發展之回顧與前瞻

10.1 回顧編

10.1.1 從傳情到達意——電腦為何要學另類語言？

1. 日常語言的缺點

甲："哎呀！你為甚麼給我剪了一個 punk 頭呀？救命！"

理髮師："你不是叫我給你剪剩一吋嗎？這是新髮型呀！"

甲："唉！我是說剪短一吋，不是剪剩一吋呀！"

理髮師："噢！對不起，我誤會了你的意思，這樣也很好看
吧！"

甲："你……你……你，我……我給你氣壞了！"

　　語言是傳送信息的工具，傳遞的模式是某人先有一個思想或
概念，然後加以組織形成一個單元的信息，再把這個信息以合乎
語文結構的語言加以附碼（encode），然後以傳送媒體（聲
音）發放，對方則以接收媒體（聽覺神經）接收，再以思維加以
分析解碼（decode），了解其語文意義而收納信息。這種傳送
模式的成功，是有賴於收發雙方對文字及語言之理解及掌握，而
文字作為傳送工具，其本身之效能及特性也會直接影響傳送信息
的果效。

　　一種理想的語言應該促成 100% 無誤的信息傳送。但在日常

生活上，信息的誤差是經常發生的，例如上述理髮師與顧客的誤會，還有男女之間對愛與被愛的誤會，友儕之間的隔膜，甚至許多合約或聯合聲明的誤解等，都是由於對語言文字的不同詮釋而發生。所以許多時候，信息都要透過雙方面不斷反覆解釋之後才能無誤地傳送，例如："我的了解是這樣，這是不是你的意思呢？""是的，我希望是這樣，你的了解也差不多，只是還有一點……。"

從人際關係來說，這樣的反覆分辨是增進了解及達至交流的正常途徑，但從應用科學的角度看，某程度的信息誤差卻是不能容忍的：例如醫生指示藥房配藥的資料信息、航空控制員通知航機飛抵航道的指示、證券分析員通知經紀作買入或賣出的決定等等，都是不能有所誤差的信息傳送。在這方面，我們對語言的要求是絕對的，是不能意義含糊也不應誘發誤解的。

可是，由於人類語言發展的先天性因素，以及人類思維有着非理性的部分，導致語言常常出現信息誤差。人類學家告訴我們，人類語言的發展是實驗性的，而不是邏輯性的。每一種語言起初都是由簡單的聲音（tone）以及符號（symbol）組成的，多用於表達基本的情緒（笑、哭、叫、哮）——傳情，及後才是信息的交流——達意。這種從實驗而來，不是從有系統的設計而產生的語言，其中存在着很多缺點。雖然語法體系（grammar）能夠補充一點句法（syntax）上的要求，不過語意（semantic）往往是要依賴用者的個人學養來理解的。所以一般語言都不能滿足現代資訊傳送的要求，這樣，適用於資訊傳送的另類語言就由此而產生。

2. 另類語言——程式語言

程式語言可算是從人類語言演變出來的另類語言系統，它有着人類語言的基本功能——傳送信息。由於其產生方式是因應不同需要而有系統地設計出來的，所以它能夠避免了人類語言中含義不清的缺點，它不會有言外之音的複雜含意，也不會讓使用者作出以情害意的決定。因此，電腦作為現代資訊系統的核心的，它的整個運作過程，都是透過程式語言而發揮功效的。

在電腦系統中，程式語言的運作分為兩個主要部分——對外及對內。對外是指中央處理器（CPU）與程式編寫員之交通，程式編寫員透過一系列程式語言發出指令，中央處理器執行這些指令而達至一個預期效果。效果可以是一個計算結果、一些機器功能、或一些資料記錄等等。而對內是指電腦元件之間的交通或電子線路間的信息交流等，期間也是透過一系列的程式語言，令電腦各部分的元件都能相互配合地發揮功能，共同推動整個電腦系統正常地運作。這個內部發訊者（指揮官）通常是一個自動化系統，或稱為操作系統（operating system）。

3. 程式語言的特性

由於電腦自誕生便逾越了傳情的層面，作為電腦專用的程式語言，無誤的達意是起碼的要求；所以電腦程式語言必須從精確的設計開始，有專用的符號(symbol)、無誤差(unambiguous)的語法，並具備易學及不易引發錯誤(non error prone)等特性。

所有程式語言必須包含下列各項目：

a. 字符（alphabet）——基本的字母符號：

b. 詞彙（vocabulary）——從字母符號組成的單元詞彙（string of alphabet）：

c. 語法的定規（definition of grammar）——界定應用文字的次序（sequence of appearance），或稱造句法（syntax）：

d. 句義的規則（semantic rules）──補充語法上不能交
代的範圍，如" X：=Y "這過戶指令句（assignment
statement）是否必須是同類數據（same data type）的
過戶呢？就需要有句義的規則來界定。

　　程式語言的語法是整個語言的法定基礎，但往往為學習程式
語言者所忽略，這可能與程式語言的一般教授方式有關；若改變
從下而上（bottom-up）的逐一功能單元學習方式，而代之以從
上而下（top-down）的整體學習，並由語法開始，這樣的訓練
將會使學習者有更全面及完整的認知。

10.1.2　從零開始──程式語言之基礎

1.　程式語言的類別

　　程式語言自產生開始，因應不同的需要發展出各種體系，表
面看來非常複雜，如綜合地去了解可分為兩大類──" 高階 "
（high level）及" 低階 "（low level）。高階是指如：BASIC、
PASCAL、FORTRAN……等等，其特色是字彙較接近英語，
各程式指令是可以照字面解釋的（self-explanatory）。例如
GOTO、DO、WHILE、IF……THEN、ELSE……等等。

　　相對地，低階的程式語言就比較抽象，其指令往往要從
機械結構（machine architecture）的角度來理解。如：
LOAD、SUB、ZAP、JUMP……等等，" 低階 "一般泛指匯編
語言（assembly language）或機器語言（machine language），
其中的每一項指令皆反映出電腦系統中的一項機械功能，例如
" LOAD RI 100 "是指把 100 改進 1 號" 暫存器 "（register）
之內。這種機械性的指令本身是一串的二元數碼（binary
code），所有指令合組而成整套機器語言，而每一機種都有着

自己獨一的語言系統，例如 INTEL 80386 機器語言、IBM 370 機器語言、MC 68000 機器語言等等。所有機械指令皆利用一組一組的二元數碼來發號司令，例如 10101 1000，前三個數字 101 代表指令，之後的數字 01 代表 1 號暫存器，而最後的 1000 代表記憶單元（memory cell）的位置。若以三個位的二進制數字來表示指令，便有 8 個不同指令，若用 4 個位作目標位置（target address）便可有 16 個不同地址，所以指令的數字位數越多，便代表該系統有更多的功能及更高的資料儲存量。

2. 程式設計的魔障

由於電腦元件基本上是以二元數碼運作，要為電腦編寫程式便成為很艱難及不自然的工作，有點兒像早期的電報編寫，操作員需要念一大堆附碼代號，注意力便不能集中在程式系統的設計，這樣若要編寫出高效能的程式，付出的時間和精力是非常可觀的。

共通性（portability）也是一個重要障礙。由於各機種各由不同廠家設計生產，所定規的程式語言基礎也就各有不同，像以 INTEL 30386 機器語言寫成的程式，便不能放在VAX 電腦系統中使用。而程式編寫員也較難同時掌握不同機種的程式編寫技巧。

3. 程式設計大躍進
——匯編器(Assembler)與編譯器(Compiler)

假如編寫程式不能克服機器語言帶來的艱辛及不同機種缺乏共通性這兩大難題，電腦應用一定不如今天的普及。

一般高階語言及匯編語言的出現正是為着解決上述的問題。匯編語言是以一對一的形號（mnemonic）來表達機器語言，程式編寫員只需以這種形號來寫程式，完成後以一匯編程式（assembly program）來翻譯出相應的機器數碼。這樣，編寫員就可以集中注意力於系統之設計及效率（efficiency）之控制上。

在電腦工程師的努力之下，機種與機種之間的鴻溝已經被一種名為編譯器（compiler）的程式所填平。目前高階語言的程式已可不受機種的限制，一般以高階語言寫成的程式經過編譯器之後，都可以運行於不同機種。通過匯編器與編譯器的幫助，程式編寫可以成為高成本效應的投資，同時亦使電腦應用得到大幅躍進。

編譯器一般可以把高階程式譯為機器程式或匯編程式，然後再由匯編器譯成機器程式。由於整個譯碼過程是以程式推動的自動過程，其產品多數是功能上達到原本高階程式的要求，卻並不是最精簡（optimized）的成品。例如假設使用編碼器產生的程式是十句指令，但直接以匯編語言來編寫則可以少於此數目。因此，也有程式編寫員選擇直接用匯編語言來編寫較為繁複的程式系統，使程式的複雜性減低，以增強其運算效能及減少記憶單元的消耗。

下表說明用機器語言、匯編語言及高階語言寫成同一功能程式的關係。

高階語言	匯編語言	機器語言
X: =Y PRINT X	PUSHS Y POPS X PUSHS X OUTPUT	1001 0001 1010 0002 1101 0002 1111

10.1.3 巴別塔之災？──語言非單一化

"舊約"《聖經》記載人類因着自傲於天下而建立巴別塔，從而導致上帝介入而變亂了人類的方言，因此有不同的語言文化存在於人類世界。不同語言實在是今天提倡"地球村"（global village）理想的一個技術障礙；不少人更認為發展國際通用語言是使經濟文化得到更大進步的途徑。

1. 百花齊放──各自各精彩

不過，不同體系的程式語言的出現卻沒有帶來災難性的後果。不同體系的程式語言是因着不同的需求而設計出來的，例如 FORTRAN 是為着工程計算應用而設計的，其全名是 Formula Translation Language，其特色是數學計算的準確性極高（一般可計算至小數點後 8 個位）。COBOL 是為商業應用而設計的，這種程式語言長於處理複雜的數據資料。RPG 程式語言則長於表列之編排；而 C 程式語言就長於編寫"執行系統"（operating system）的程式，種種不同體系的程式語言都有其專長，可以說是"各自各精彩"。

2. 程式語言範疇學（Programming Paradigms）

各種程式語言皆反映一定程度的設計概念。PASCAL 及 C 程式語言的簡潔及貫徹性，反映出是個人或小組設計的成果；使用 COBOL 的程式編寫員會很容易發覺 COBOL 程式語言包含着多種不同的設計概念，反映出 COBOL 是一項集體創作的成果。

由於越來越多的程式語言體系出現，程式語言的設計者開始集中注意力去整理現存過千種的程式語言。程式語言範疇的區分研究便成了很重要的課題。程式語言範疇學便是嘗試把程式語言按其特性分類來集中研究，研究結果顯示所有程式語言可劃分為下列四種範疇。

（1）程序性範疇（procedural paradigm）

（2）功能性範疇（functional paradigm）

（3）邏輯性範疇（logical paradigm）

（4）目標導向範疇（object oriented paradigm）

10.1.4 大統一可行嗎？——PL／1 個案分析

從各式各樣的程式語言中取長補短，從而設計出一種通用（universal）語言，豈不是可以大大增加程式設計師及程式編寫員的工作效能嗎？假若這個概念成功，整個資訊界所得的益處是難以估計的！院校只需要教授一種程式語言，系統工程師只需要設計一種編譯器，程式編寫員只需要鑽研一種程式語言……等等。對！IBM 發展 PL/1 程式語言，就正是朝上述方向進行的。

1. 胸懷世界的理想

IBM 於六十年代設計了 PL/1，目的是針對整個資訊界對電腦應用的需求，也為着配合 360 系列機種的推出。客戶對象包括工程、商業、系統工程、列表處理（list processing），即時處理（real-time processing）等等不同範疇的電腦使用者，是一個全面性的商業策略。

PL/1 的英文是 Programming Language/1，採用一個普及名稱而不用專有名詞，其用意是使這個程式語言體系含有不被規限的廣泛性。PL/1 的設計是建基於 FORTRAN 而以多用途為目標。也就是說，各式各款的系統發展皆可採用 PL/1 作為程式語言，倘若這概念成功，PL/1 將會為所有各式各樣的程式語言寫上句號。

2. 博大精深・專家難求

當 PL/1 面世之後，市場上的反應並非如當初所預料般的理想。因為其功能廣泛，PL/1 所應用的編譯器需要很大的記憶容量來運行，耗用相當大比率的 CPU 資源，反應時間也相對地較長，因此被冠以"怪物"的不雅稱號。對程式編寫員來說，由於 PL/1 的功能太多，要完全掌握其功能就要熟習一大堆專用語言；與一般單一功用的程式語言比較，PL/1 語言就顯得博大精深，而且複雜非常，正是專家難求！

從用家角度來看，IBM 早期的經營方式是電腦與系統軟件一同出售的。但 PL/1 卻需要個別購買，訂價也相當高，所以很多公司都不願意放棄已購買的產品而重新投資在 PL/1 上。

雖然如此，以 IBM 在電腦市場上的地位及影響力，加上多年的大力拓展，PL/1 也佔有一定的市場空間。在 70 年代，PL/1 是頗為普遍被應用於大型系統的程式語言。

但在培訓技術人員方面，始終是存在一定的困難，應用 PL/1 的公司，通常要花上三至五年才可以訓練出一個熟練的程式編寫員，投資的成本效益非常低。大專院校也很難將如此複雜的系統編入教授的課程中。

美國麻省理工學院（MIT）為了方便教學，曾經把 PL/1 的其中一部分整理，編寫成 PL/C 以作教學用途，目的是教導學生對 PL/1 有一個基礎理解，好使將來可以接受在職培訓。

PL/1 雖然在市場上可以生存，但卻沒有達到其當初的理想，它並未取代其他程式語言而成為一種通用程式語言，只是在眾多語言之中，加添了一名又大又重的成員吧了！

PL/1 這個案顯示，要統一程式語言，是存在很多的技術困難；或許，統一的理想要留待研究"開放系統"的學者專家去提供可行的方案吧！（有關"開放系統"，請參閱本書有關 AIX 及 UNIX 的論述。）

10.2　前瞻編

10.2.1　風水輪流轉——從硬件主導到軟件主導

回顧過去七十年，電腦硬件的發展已經經歷了多個不同時代：從真空管至半導體，再發展出集成電路（IC）及今天的極大規模集成電路（VLIC），CPU 功能已從 IPS（instruction per second；每秒若干指令）的量度單位進展至 MIPS（million instructions per second；每秒若干百萬指令）的年代了。但今天我們依然使用以 COBOL、FORTRAN 以至 PL/1 等程式語言來設計的軟件，假如以電子科技的發展速度來作一個對比，使用這些第一、二代發展出來的程式語言編寫軟件，就像我們今天要使用文言文或拉丁文來寫科學論文一樣。

為甚麼軟件與硬件的發展之間有這麼大的差距呢？在嘗試為這問題提出一些意見之前，讓我們先看看這些差距帶來的一些問題。

研究電腦科學的學者曾經提出一個大家非常關心的課題——"軟件危機"（software crisis），就是說今天的硬件已具有非常超卓的功能，但卻欠缺級數相近，能夠充分發揮硬件潛能的軟件。而硬件的價值及其成本效益皆比軟件優越，軟件的投資及其回報率相對地每況愈下。

不過，因為電腦系統的普及化及社會對速率效能的要求，發展更快速、更高效能、更容易使用（user friendly）的軟件，便成為電腦界的當務之急。在此情勢之下，軟件工程學（software engineering）的研究便當然冒升。展望未來，我們可以看見一個軟件主導的時代即將來臨。

10.2.2 軟件危機

要了解程式語言未來的發展趨勢，就必須對〝軟件危機〞這課題有所認識。

軟件危機可以從三個層面來理解：發展層面，應用層面和技術培訓層面。

1. 發展層面

前文曾提及程式語言的產生是邏輯性的、有系統地設計出來的。在個別系統而言，程式語言的產生都是合乎科學化的要求。可是從整個程式語言發展歷史看，就會發現程式語言的發展並不科學化，缺乏全盤的計畫，以及精確的策略取向。一種程式語言的發展或改良，常常不是先經設計、執行、支援等工程部序，只是按個別情況需要而以隨機加大形式來發展，導致太多相似的程式語言出現，如 BASIC、FORTRAN、PASCAL、TURING 等；也導致太大的系統出現，如 PL/1 等。而叫人擔憂的是這現象沒有停止的迹象。有學者形容現今龐大複雜的程式語言家族只是一隻痴肥（obese）的怪獸。

2. 應用層面

今天電腦已廣泛地應用在各行各業，如 O.A.、CAD、CAM、CAI、ATM、POS……等等，在差不多同一時期，大眾都確認電腦的重要性及實用性。從銀行提款機、超級市場購物、儲值車票，至登堂入室的個人電腦系統，電腦不再是高科技大公司的專用品，它是現代世界分秒必爭年代的必需品。

由於各行各業都要求一套合適的系統，把公司運作效率提升
至更高水平，因此對軟件在速度、準確性、易用程度三方面都要
求很高。

　　從供與求的經濟角度來看，實在很難有足夠的資源去滿足這
大量的需求。因為時間的緊迫，軟件系統的質素便較難保持於高
水平，不少套裝程式（package program）在推出市場銷售之
後，才發覺有毛病（bugs），因而很快便要推出新的版本（ver-
sion）來補救。因為電腦軟件出現毛病而導致財產嚴重損失的個
案實在不少。從這方面看，作為高科技產品的電腦，對軟件的品
質檢定，還需要大幅度改良。

3.　技術培訓層面

　　要生產優良適切客戶需求的專用程式系統，必須掌握電腦程
式編寫技巧，並對其運行機種及有關的學科知識有精確的認知。
例如編寫電腦工程繪圖系統者，必須掌握基本繪圖技巧；反過來
說，也不能讓毫無藥物知識的人去編寫自動化配藥系統軟件。由
於電腦廣泛地應用在不同專業之中，要為不同專業量體裁衣地編
製適合該行業的程式，就涉及更多技術性的問題。這樣是不是要
培訓大量有專門學識的系統分析員（systems analyst）？這實在
是難於解決的難題，而就算做足了培訓工作，假若這些系統分析
員只能專注於一種系統，無論對個人前途或公司資源來說，也沒
有多大的保障。加上合成系統（integrated system）的出現，只
能專注於一種應用程式的系統分析員，必定會被淘汰。

　　踏入九十年代，軟件工程界的學者專家們，正全面迎戰上面
所列舉的困難與危機。

10.2.3 名正言順——"軟件工程學"的定位

針對程式語言家族存在的各種問題及軟件危機所涉及的種種困難，發展軟件工程學似乎是電腦語言的終極取向。

軟件工程——顧名思義正是要把軟件作為一項工程項目去設計生產，以工程學的角度去評估及改良產品的質素，同時以能夠精確無誤的迅速生產為目標。

目前，有關學者正嘗試通過軟件工程學的研究，對以下各項作出一些貢獻。

1. 對程式語言作系統的處理

上文曾提及若以程式語言範疇學的角度來分類，可以把數以千計的不同程式語言分成四大種類，而每類以一整體單元的角度來研究其特性及效能，從而掌握整體程式語言的特性及發展方向，因此程式語言範疇學可以說是對程式語言作高層次而又全面性探討及處理。而程式語言範疇學正是軟件工程學中一個非常重要的課題。

借助程式語言範疇學的研究分析，我們可以深入認識一種程式語言的強處及弱處，卻不需花上很長時間去熟習認識該種語言。在學習方面，先認識整個語言範疇的特性，才學習一種個別的語言，會顯著增強學習效果。

2. 軟件生產過程的系統化

從工程角度來說，設計比生產工序更為重要。一個優良的設計會配合生產條件而作出適當的安排，使生產的質量與數量都能達到指標，為生產帶來很大的幫助。而一件產品的質素是要通過試驗及檢查來確立，又從多重的測試當中尋求改善的指標，這幾個步驟不斷重複進行，便是一個有效的生產循環（production

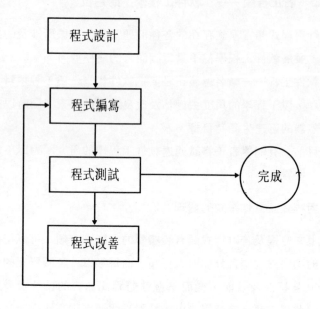

圖 10.1

cycle）（見圖 10.1）。

　　從圖 10.1 可見，整個生產循環中，應用程式語言來編寫程式只是其中一個環節。一般質素差的程式，往往忽略了其他幾個生產工序的重要性。有研究顯示，優良的軟件程式，其花費於程式編寫的成本，通常是少於總生產成本的百分之三十。

　　軟件工程學專家認為，只有將軟件生產用工程學的方法處理，把生產過程系統化，才能生產出準確又高效率的軟件產品。目前在這方面已有不少成果，單是在生產程序這一環，已有很多廣為接納的方案。例如 Structured Design，Jason Method 以及 Structured Systems Analysis and Design Methodology (SSADM) 等；而 SSADM 更是英國及香港政府所採納的標準。

3. 程式編寫的自動化

"為她人作嫁衣裳"是電腦軟件設計者常有的感覺。電腦軟件為各行各業提供自動化系統，佔軟件應用中的一大部分。自動化能夠提高生產效率及保障品質，電腦為這方面所作的貢獻正是它之所以廣泛受歡迎的原因之一。過去電子科技的飛躍發展，顯明了以高科技來生產高科技產品的成果是如何的吸引。但反觀電腦軟件的生產過程卻是整個科技世界中最不自動化的一環，因此，要求將生產自動化系統的軟件生產過程也自動化，是軟件工程學的一項當然使命。一旦軟件能夠自動化地生產，其所帶來的成果就如機械人能夠自動生產機械人一樣叫人興奮。

怎樣能夠實現自動生產軟件這概念呢？軟件工程學的研究發現，不同的應用系統雖有着不同的作業目標，但其基本的組成元素程式；若以功能來區分，通常有很多程式部分是被重複使用的。程式自創（ code generation ）軟件便是以這種觀念為出發點而設計的。

程式自創軟件是預先把一些常用的程式部分收錄起來，並且以應用功能來分類記錄。程式編寫員只需列舉程式的功能細則（ functional specifications ），"程式自創"系統便會自動選擇所需的程式部分並加以組合，從而產生一個完整的應用軟件。這樣，編寫員便可集中精神去設計更佳的應用系統，把繁複的編碼工作留待電腦系統完成，使軟件生產更為合乎經濟效益。

4. 軟件品質與效能的檢定

軟件用在品質檢定方面也是非常普遍。由人去檢定產品的品質，標準會受到人的主觀感覺影響而有參差，而由電腦以設定的標準去檢查就不會有這些毛病。但是，如果指揮電腦工作的軟件本身的品質有問題，所產生的不良後果的嚴重程度，就遠遠比一個有問題的人（例如有病、精神欠佳）去檢定產品的品質來得更甚。因此，保障軟件產品質素就絕非 " 如不滿意，原銀奉還 " 或 " 有壞包換 " 等售後服務所能代替！這方面軟件工程學是絕不能忽略的。

任何的一個設計，必須經過多方面的測試及檢驗無誤，才可以說是優良及可靠的計設。在軟件測試方面，測試過程包括：制訂樣本數據（sample data）來測試程式的準確性、全面性及局限性，所用數據是越多越好，越廣泛越好，而這過程也是可以自動化的。系統分析員只要制訂測試的規範，系統便會自動生產所需的測試數據，從而測試程式的各流程。透過各種分析及測試，就能深入了解程式各方面的表現，進而推向高效能而又精簡的方向。

隨着軟件工程學的發展，未來軟件設計的分工模式可能會有很大的改變、因着自動化的要求，各種 CASE（Computer Aided Software Engineering）工具程式的面世，程式編寫員的工作會有大部分被取代，例如廣泛被應用在個人電腦系統中的 dBase IV，亦已設有可以協助用者編寫程式的工具程式。因此，未來軟件界需求將會較集中於系統設計師（system designer），而不再是傳統的程式編寫員。

10.2.4　明天會更好──程式語言新貌

上面討論過軟件工程學努力的四大目標，我們可以發現其中每一項都會為程式語言帶來不少改變。當眾多程式語言被看成一個整體家族來作系統化處理，並使其生產過程系統化及自動化的同時，汰弱留強將會是必然現象。從發展大勢來看，新一代的程式語言必須符合下列各項要求：

1. 置放於綜合發展系統內（integrated system）

綜合發展系統的產生，是嘗試把使用程式語言的支援工序減至最少，從而縮短設計軟件的時間，減輕經濟支出。早期的電腦程式是要經過編譯（compile）、連接（linking）及引入（loading）等工序才產生完成的可運行程式。

若在過程中需要修正程式，便要把所有工序從頭再做一次。加上編輯刪減所需的時間，整個發展設計的營業成本（overhead）實在不符合經濟原則。

一般的綜合發展系統，是把編譯器（compiler）、連接器（linker）、引入器（loader）及編輯器（editor）連成一個大系統。在這系統內，可以使編輯至程式運行能夠迅速完整地運作，而不會受任何的修正改良延誤。新一代的綜合系統更設有檢查程式（debuger），對尋找毛病有很大的幫助。由於綜合系統的發展日趨完備，獨一的程式語言編譯器極有可能被逐漸淘汰。

2. 精確無誤的功能（Pogram correctness）

隨着市場對電腦系統的依賴越來越強，電腦系統出毛病所造成的經濟損失是極為巨大的。因此，保證程式無誤是一項很重要的工序。不過，要通過分析及論證來證明程式無誤是一件非常艱巨的理論性工作，其所花的時間可能比整個程式的編寫開發時間還要長。因此，發展邏輯嚴謹的程式語言，從而使論證無誤的工作變為更實際可行，將會是程式語言的另一個發展方向。PROLOG 及 LISP 之所以開始廣泛受到注意，正因為其程式語言所用的句法形式都比較接近數學邏輯（mathematical logic），使程式比較容易被證實無誤。但這類程式語言的編譯器通常運行得比較緩慢，所以若果能夠解決程式運行速度的問題，這類程式語言將會更廣泛被採用。

3. 可回用及再發展的設計模式（re-useable design）

把已完成的程式重複使用及再發展來增加其經濟效益，是非常重要的課題。而重複使用也不應局限於程式本身，若能把其組成元件（component）置放於其他程式中使用，那就更為理想。

軟件工程的研究指出重複使用有三方面：

（1）程式本身的重複使用

這方面是理所當然的，也是程式被生產的主要目的。若使用環境不是需要自動化地重複某些工序、資料翻查、數據運算等等，就不必應用電腦程式了。

（2）可被改良以符合其他用途

程式可以被改良以應付更多的層面，是重複使用的另一個可能。例如把〝單人使用版本〞（single user version）轉成多人使用版本（multiple users version）：或是把程式的內置功能（sub-function）加多，以符合實際環境的改變等等。假若程式語言能輔助這種擴展工程便最好不過。例如以〝組件〞（modular）的形式來加大程式以擴展其功能，是較為理想的方式。而最理想的情況是不用改變原來的組件內容，只需要加上新編的組件及適合的連接，便可以使用。

（3）程式元件的重複使用

程式的內容若從功能來分類，可以分成很多功能不同的〝組合元件〞。若果能夠將這些元件重複使用於其他程式之內，將會節省很多開支。我們只要建立圖書庫（library）去儲存這些從別個程式借來的元件，便能有系統地選擇使用各樣的組合元件。

新一代的程式語言如 C++，SMALLTALK，ADA……
等等便是朝上述方向而設計的。

4. 不受 " 機械結構 " 的規限（ independent from machine architecture ）

一向以來諾伊曼（ John von Neumann ）的機械結構都直接影響着程式語言的設計，以致一般非程序導向形式設計的語言都不太適合用於傳統的電腦系統。這導致一些質素優良的語言設計，因為機械結構的不適合而大大減慢其速度，並對 CPU 造成沉重的負擔。

面對這問題，日本電腦工程界已提倡發展新一代的機械結構，以功能語言（ functional programming language ）為其機器語言，從而設計出新一代的機器，專長於支援邏輯運算的程式語言。他們相信第五代的語言將會是以專注拓展的人工智能系統為取向，但這種倡議在現階段仍未為西方工程界所普遍認同。

不過，以日本在財經及電子科技界的影響越來越重要的趨勢來看，假以時日，他們所持的論據也不難成為明天電腦科技的主流。程式語言會不會因此而發生根本性的大改革呢？就讓我們拭目以待吧！

V

資訊科技與社會發展

11

步入資訊社會

黃國棟・美國聖路易大學醫學院

11

步入資訊社會

11.1　資訊社會的開始

　　我們現正處於人類歷史上的一個重要轉型時期，從工業社會過渡到資訊社會。這轉變是從約二十年前開始，現在還在進行中。

　　在人類的歷史上，這類轉型出現過好幾次，例如由石器時代轉入鐵器時代，或從農業社會轉入工業社會。每一次的轉型，都給社會帶來了非常大的轉變。這次轉型和以往的有一點不同，就是它發展的速度。人類用了幾百年才由農業社會轉到工業社會（有不少國家到現在還未達到工業化）。可是，資訊社會的發展卻快得多。今日我們的文化、科技、價值觀等和五十年前的已大大不同。現在我們已完全不能想像五十年後的社會是怎樣的。

　　在這環境下，要深入討論資訊社會的特徵是很難的一件事。唯一可以肯定的一點就是資訊社會是個不停在變的社會。不過，從近年的發展中，我們還是可以看到幾個比較穩定的趨勢。就讓我們從這些趨勢中窺探一下資訊社會發展的方向。

11.2　人與人之間變得越來越依賴

　　雖然不斷有人說，現代社會中人與人的關係變得越來越疏遠，可是實際上，現代人比我們的祖先其實更需要依賴他人。在農業社會，每一個鄉村是差不多可以自給自足的。衣、食、住、行，所需的大都可以自己生產。除了少數的必需品要靠從外面運來外（最重要的可能是鹽），一個鄉村是無需和外界接觸的。其實，不少中國人夢想的就是一個＂山高皇帝遠＂的自給自足境界。《桃花源記》中的＂桃花源＂就是不少文人心中的烏托邦。

在那樣的社會中，人與人的關係主要是感情上的互相需要，而不是物質上的互相依賴。可能由於這關係並不是基於物質上的利害交易，所以更覺珍貴。在現代的社會，人與人的關係其實更複雜，不過現代人的關係是建築在物質交易的功利基礎上，所以在感覺上覺得不如以前了。

為甚麼現在的人比以前的更需要互相依賴呢？相信讀過經濟學的朋友都很容易找到答案。為了要提高生產的效益，每一個人需要專心生產一樣的物品；這樣，整體的產出增加了，而每個人可以通過交易來換取自己所需的，從而大家的生活水準都會提高。可是，在這制度下，每一個人，甚至每一個城市、國家，都只會生產種類很少的產品，其他的都必須由交易而獲得；於是，整個世界漸漸融合為一個大個體，任何地方出問題都會影響其他方面。而每一個人都需要依賴他人才能生存。

這依賴性其實在工業社會已經出現。不過，工業社會的環境比較安定，沒有太多很突然的變化，所以這依賴性的重要程度未被全面顯示出來。到了近四、五十年間，環境越來越多變，人與人之間的依賴性就被充分表現出來了。美國經濟不景氣會直接影響香港人的收入，中東的戰爭會影響世界的石油價格，華東的水災會影響香港的食品供應。這些都證明了我們並不能以外人的身分來觀察其他地方所發生的事故。

在一個資訊社會裏，由於知識的高速增長（下文會詳細討論），環境的變化會越來越多，結果是整個世界會變成一個大羣體。我們不單只是某地的居民，我們更重要的是這世界的公民，需要以一個世界性的角度來處事。可是，這可能會和幾千年以來的國家民族觀念衝突。歐洲一體化最近面對的阻力就是好例子。"世界大同"是很多偉人的夢想。資訊社會令到這夢想變成一個需要，可是達到這一境界還要走一條很長很長的路。

11.3 知識的增長

圖 11.1 將人類所擁有的所有知識與人類歷史以圖表形式作一比較。可以見到，在人類有歷史的最初幾千年中，知識的增長是非常緩慢的。無論在政治制度、科技、價值觀等問題上，中國漢朝和宋朝的分別都不大。基本上，全世界在公元 1600 年前後都是一個農業社會。在農業社會，擁有天然資源就是力量。當時的國家所爭取的都是天然資源。

到了約五百年前，歐洲開始了文藝復興時期，科學和文化上都出現了新的發展。漸漸地，歐洲進入了工業社會。在這時代，擁有天然資源並不再等於擁有霸力。國力的強弱是由工業力量決定的。這情況的高峯可由第二次大戰前的日本來代表。一個面積不大，天然資源並不豐富的島國，可以成為世界上的軍事強國，而號稱"地大物博"的中國，則幾乎被列強瓜分。

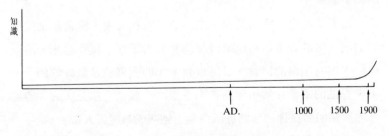

圖 11.1

到了第二次世界大戰後，開始再有另外一個情況出現。一些工業基礎十分發達的國家，特別是美國，漸漸發覺強大的工業基礎並不再能保證經濟發展。反之，只要有足夠的知識和科技，一個國家是可以很快的發展任何工業。戰後的日本和韓國就是好例子。

而這一年代亦是知識以幾何級數增長的年代。新的科技不斷取代舊的生產方法，同時亦大大降低生產的成本。在這個資訊年代，那一個國家擁有知識，就擁有力量。

知識的幾何級數增長是一個不可逆轉的趨勢，因為每一點新知識的出現，都增加了再發展其他新知識的機會。新的知識和科技會不斷的取代舊的。在這環境下，任何人都需要不停學習，否則只會被淘汰。

11.4　中產階級的消失

工業社會的一大成就是創造出一大羣中產階級。大部分農業社會是一個地主與農民對立的社會。農民很難變為地主。在工業社會中，由於財富的增長，工人開始可以擁有自己的財富，大羣的中產階級就成為了西方工業國家的主流。他們大多是技術工人，擁有中學的教育程度，從事技術性或半專業性的工作。他們的技能大都是從在職訓練中得來的，不過亦有一些人是受過短期的職業訓練。

在工業社會，特別是資本主義的工業社會中，資金是創業所必需的。由於資金是可以通過節約和努力工作而積存起來，所以任何人都有創業的機會。香港近幾十年的發展就是最好的例子。不少香港的富豪在幾十年前初來香港的時候是身無分文的。通過努力和精明的抉擇，他們可以在幾十年間成為風雲人物。

可是，在近十年間，貧富懸殊的情況似乎又再出現了。在美國，不少城市中貧民區不斷擴大，失業率高漲，即使能找到工作也不夠生活。香港失業的情況沒有美國那麼嚴重，可是草根階層的生活水準也沒有甚麼改善。1992年夏天美國的暴動，和香港八十年代的多次小規模暴動，都是草根階層不滿的反映。同時，中產階級的比例正不斷減少。在最近的一次經濟衰退中，美國的中產技術工人所受的打擊最大，很多在失去工作後再不能找到合適的工作，以致生活水準大降，變為草根階層的一分子。

為甚麼在生產力不斷增長的情況下，貧富懸殊反而會再出現呢？目前對這個問題還是沒有共識。不同派別的政治家在互相對罵，社會學家和經濟學家也沒有肯定的答案。

不過，從資訊的角度來討論這個問題可能會帶來一些新的啟示。在這十多年中，有一個趨勢是教育程度和屬於哪一個階層的關係越來越大。事實上，在上一個十年中，美國大學畢業生的實際收入上升了，但沒有中學畢業的工人的實際收入卻下降了。

這現象出現的原因，很可能是因為現在的科技已令生產越來越自動化，技術工人的重要性大減。同時，對受過高等教育的專業人士和管理人員的要求卻大增，結果就令這貧富懸殊的情況再出現。和以前不同的是，現在貧富的差別是決定於知識上的多少，而不是資金上的有或無。而知識較需要靠年輕時學習而取得。在幾十年前，一個沒有資金的成年人還可以靠節約和努力工作來積存資金，但現在，一個沒有知識的成年人未必再能有機會求取令他脫離貧窮的技能。

幾十年前，美國工人的收入和知識分子的收入差別不大，令到很多年輕人放棄讀書機會而投身工人行列。結果，很多問題現在就出現了。可惜，在今日的中國，我們又看到類似的現象。大學教授的收入比不上一個酒店侍應員。"讀書無用論"被廣泛接受。如果情況不改善，二三十年後，中國將沒有能力和其他國家競爭。

11.5 新一類的商業機構

在工業社會中，商業機構的主要功用是環繞着商品的生產和分發。到了資訊社會，商品生產開始變得沒有那麼重要了，代之而起的是知識和資訊的生產、分發和服務。

現在，很多機構所生產的"貨物"，是一些完全看不見、摸不到的東西。電腦軟件就是其中一大類。現在美國首富之一的蓋茨（Bill Gate），他的公司Microsoft，就是專門生產電腦軟件的。1992年度美國大選中一度大出風頭的獨立候選人貝羅特（Ross Perot），亦是靠一家電腦服務公司而成為巨富的。

以往，研究和發展新產品和新科技的通常是一家大企業的一個小部門。可是，在資訊社會中，這方面的重要性會大大提高；有些有遠見的公司，在多年前就把研究部門獨立出來，使這方面的工作能更有效地發展。美國電話公司的貝爾實驗室（Bell Lab）和萬國商業機器（IBM）的科研中心都是這一類的機構。

近年來，更出現了一些純做研究的機構。它們的"商品"就是替其他的公司做研究。約七八年前，日本的"第五代電腦計畫"就是這一類型的運作。

除了研究性的機構外，近來亦出現了很多以售賣資訊為業的公司，包括大型的數據庫、鐳射資料碟等。

這些新商業機構的出現給現存的商業環境帶來了很大的衝擊。資訊和知識是一些無形的概念。怎樣界定它的價值和擁有權是經濟和法律上的一個大問題。一隻鐳射資料碟內的資料可能是需要大量的人力和物力才搜集得來的，可是將它再翻抄一次的成本卻幾等於零。怎樣保護作者的權益是對版權法的一大挑戰。

11.6　總結

　　本文討論了資訊社會的一些問題。無論喜歡與否，我們都需要面對這個轉變。希望本文能給讀者帶來一點啟示，使大家更能深入思想這一個問題，共創一個更好的明天。

12

後來者的經驗——中國資訊科技的發展

侯炳輝・中國北京清華大學管理信息系統學系

12

後來者的經驗
——中國資訊科技的發展

12.1　中國資訊科技發展概況

12.1.1　起步情況

中國資訊系統起步較晚，最早是在七十年代末，首先在機電行業進行企業管理。1978 年，南京生產熊貓牌收音機的 714 廠利用國產 DJS—130 電腦進行車間生產管理。DJS—130 機是中國七十年代著名的仿 NOVA 國產機，內存 32KB，字長 16 位。在 714 廠進行企業管理時採用機器語言編程，效率很低，應用效果不理想。

八十年代初，國家機械工業部組織人力、物力，首先在大型機械加工企業推廣企業管理資訊系統，如生產車牀的瀋陽第一機牀廠，在機電部科技局、機牀局以及瀋陽市科委、經委的支持下，開發三個車間的計畫和生產管理，他們引進 IBM 的 4331電腦、採用聯邦德國工程師協會的軟件，經過數年時間的研究與開發，1986 年進行國家驗收，這是一個成功的典型。

該系統的成功不僅是技術上滿足了管理的要求，更主要的是在開發策略、開發方法以及開發組織的成功。主要經驗是：(1)廠長重視、直接參與是成功的最重要條件。該廠廠長每天上班，第一件事情就是討論電腦管理方面有甚麼問題，如需要廠長解決的，當場解決，表現了廠長的魄力和遠見卓識。(2)注意培訓和教育。該廠共有近一萬名職工。有 800 多名技術人員和幹部進行了電腦資訊管理的培訓教育。(3)重視管理體制的改革和管理觀念的變化。電腦引入管理，不可避免地要引起管理體制的變化以及對管理觀念的衝擊，瀋陽機牀廠當然也不例外。問題是如何適應這種變化，瀋陽第一機牀廠的領導堅持主動、自覺的去適應電腦管理的需要，改變原先的管理體制，這種改變又必然和管理人員以至操作人員的行為觀念發生衝突，問題是廠長如何採取行政的、思想的以及其他一切必要的措施去克服這些觀念衝突，以致最後獲得成功，瀋陽第一機牀廠的領導是做得比較好的。

八十年代初，個人電腦(personal computer)的發展為電腦在管理方面的應用打開了極為廣闊的前景。1984 年是中國經濟改革和對外開放的一個重要的里程碑，從中央到地方，從科技領域到工業部門，大量引進微型電腦，自己裝配生產此種電腦，用於各種管理領域。首先是工資發放，其後是財務、庫存、人事等系統管理。由於這些系統大多是單項應用，主要是電子數據處理(EDP)，對提高工作效率，培訓應用人才起到了很好的作用。

八十年代中，中國開始微型電腦應用“大躍進”，企業、機關、學校大量購買微型電腦，具有一定的盲目性。有些企業購買了電腦不知道如何使用，有些企業的各部門分別引進開發，缺乏統一規畫，低水平重複，資訊不能共享，長期見不到效益。因此，八十年代後期，各企業注意到總體規畫的重要性，一時間系統分析和總體規畫十分時興。

中國微型電腦應用的大躍進，無疑是具有積極的意義。首先，它促進了中國資訊化的發展，促進中國資訊產業的發展，例如一些著名的資訊企業拔地而起，很快形成了自己的規模與特色，著名的有北京（以及全國）的長城計算機集團公司、山東省濟南市的浪潮計算機集團公司、上海市的長江計算機集團公司、雲南省的南天計算機集團公司、南京市的紫金計算機集團公司等等。著名的北京中關村"電子一條街"上，如雨後春荀般地湧現出成百成千個民辦高技術資訊企業，著名的有"四通"、"信通"、"海華"、"科海"、"希望"、"祥雲"等等。在軟件方面，漢字技術如神話般地獲得重大進展，漢字操作系統、漢字數據庫、漢字輸入技術、漢字出版印刷技術……一個個科技明星令人眼花撩亂。更值得驕傲的是，以北京大學著名科學家王選教授為首的漢字計算機印刷排版科研小組，經十多年的含辛茹苦的工作，一舉革掉了中國千年來的鉛字排版，實現了領先於世界的計算機漢字排版印刷技術。

在資訊服務業方面，從教育培訓到成立資訊商會，形成一整套培訓教育體系。在出版界，清華大學出版社率先出版電腦書籍，沒有幾年，這家出版社一躍而為全國最大的電腦書籍出版商。發源於上海，北京的電腦軟件人員水平考試，為培養電腦軟件人才起到了重要的推動作用。1991 年 3 月 2 日，由國家人事部，機械電子工業部、國家科學技術委員會、國務院電子信息系統推廣應用辦公室聯名通知，成立"中國計算機軟件專業技術資格(水平)考試委員會"，統一領導中國的軟件資格(水平)考試。

12.1.2　建立基礎

1986 年至 1990 年是中國第七個五年計畫時期，簡稱"七五"時期。在這個時期中，中國資訊系統科技得到了長足的發展，打下了良好的基礎。

1.　宏觀資訊系統方面

在宏觀資訊系統的發展方面，國家提出 12 個重點資訊系統作為重點建設對象。這 12 個重點資訊系統是國家經濟資訊系統、民航資訊服務系統、金融電子資訊系統、電力業務資訊系統、鐵路運營管理資訊系統、公安資訊系統、天氣預報系統、財稅資訊系統、航天測控資訊系統、海關資訊系統、郵電通訊資訊系統、軍事通訊及指揮自動化系統。與此同時，全國 50 多個部、委（局、總公司）也不同程度地建立了自己的資訊中心以及相應的多層次的資訊機構，各類地區性資訊系統上千個。

2.　政務資訊系統

" 七五 " 期間另一個打基礎的工作是政府及機關事務辦公自動化的建設。國務院辦公廳秘書局從 1987 年起建設辦公自動化系統網絡系統，從工程開始到建成使用不到兩年的時間。一些省、市政府的辦公自動化也相繼建成並投入運行，如上海市、江蘇省、湖南省、太原市等等都具有一定的水平。此外，一些部委機關、學校以至一些基層單位在建立辦公資訊系統方面也打下了一定的基礎。

3.　行業資訊系統

行業資訊系統也有一定的發展，如醫院資訊系統，北京的協和醫院、阜外醫院、海軍醫院、中日友好醫院、首都醫院以及外省市的一些醫院都不同程度地建立了醫院資訊系統。電力行業資訊系統、旅遊業資訊系統等也得到了一定的發展。

4.　城市資訊系統

中國有數以千計個大、中、小城市，但城市資訊系統的不平衡性很大。經濟發達地區的大城市發展較快，內地城市差距很大。最發達的城市資訊系統為上海市、北京市、廣州市、大連市、天津市、無錫市、常州市、蘇州市等。其中上海市最為發達，共有 15 個基本資訊系統，它們是政務、經濟、人口、城建、金融、海港管理、科技情報檢索、旅遊、新聞出版、氣象與災害監測、稅務、衛生保健、社會福利、環境衛生、生鮮副食等資訊系統，其中部分資訊系統已取得了良好的社會和經濟效益。

5. 企業資訊系統

中國國營企業有 40 多萬個，若將"三資"企業、鄉鎮企業、個體企業也概括進去，則數量更多。由於企業數量大、種類多、規模各異，故企業資訊系統不僅潛力大，且開發極為困難與複雜。"七五"期間企業資訊系統也得到了相當的發展，其標誌是：早先一些單項開發的企業已進展到綜合應用的管理資訊系統（Management Information Systems, MIS）方向發展，其代表性的企業有瀋陽第一機牀廠、瀋陽鼓風機廠、濟南第一機牀廠，北京第一機牀廠、四川寧江機牀廠、洛陽礦山機器廠、戚墅堰機車車輛廠、西安飛機製造公司、成都飛機製造公司、廣州萬寶電器公司、無錫機牀廠。冶金系統的鞍山鋼鐵公司、首都鋼鐵公司、武漢鋼鐵公司、寶山鋼鐵公司等。石油化工企業的北京燕山石油化工企業、南京金陵石油化工企業、上海高橋化工廠等。紡織企業的北京棉紡織二廠、西北國棉四廠、北京清河毛紡廠等。其他輕工、食品、造紙、水泥等企業也有自己的典型資訊系統。

6. 其他資訊系統

其他獨立的資訊系統在"七五"期間也打下一定的基礎，如人口、公安、車輛管理、科技情報檢索等資訊系統。

12.1.3 資訊科技的教育

中國在十多年以前還談不上有真正的資訊科技教育。八十年代以前中國主要是關於電腦科學的教育，限於電腦硬件、軟件課程。至於資訊科技的教育最早是一些職業培訓教育，如大連培訓班，由美國企業管理專家在培訓企業管理時介紹 MIS，參加培訓班的中國學者和企業家將有關 MIS 的講義整理出版，同時翻譯西方 MIS 的教材。

中國高等學校正式設置資訊系統專業是七十年代末八十年代初，有兩類資訊系統教學體系：工科資訊系統教學體系和文科資訊系統教學體系。工科體系以清華大學的 MIS 專業為代表；文科資訊系統教育以中國人民大學的經濟信息管理專業為代表。這兩種教學體系的知識結構如圖 12.1 所示。

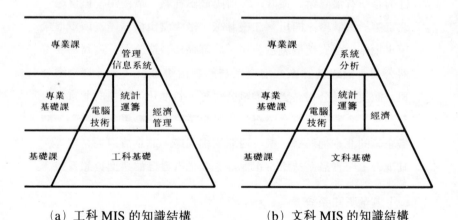

（a）工科 MIS 的知識結構　　　　（b）文科 MIS 的知識結構

圖 12.1　MIS 專業知識結構

工科高校的第一個 MIS 專業是清華大學 1980 年設置的,當時專業的正式名稱為" 經濟管理數學與計算機應用技術 ",1984年清華大學成立經濟管理學院時改名為" 管理信息系統 "。八十年代中以後,全國許多重點工科大學相繼設置管理信息系統專業,截止 1988 年底,中國就有 14 所著名的工科大學招收 MIS本科生。與此同時,設置文科資訊系統的文科院校也與日俱增。除此以外,省市地方的工科和文科高等學校以及職業培訓學校也設置 MIS 專業,充分説明了十年來中國資訊科技教育得到了很大的發展。

工科 MIS 的特點是以工科為基礎。然後綜合經濟管理、統計運籌和電腦技術等三大領域的知識組成有機的整體。文科MIS 以文科為基礎,專業基礎課領域和工科的類似,專業課也大致相同。

除全日制高校的資訊系統教育以外,還有如電視大學、職工大學、函授大學、管理幹部學院以及諸如中國計算機用戶協會、中國計算機服務總公司、中國軟件行業協會等社會團體等舉辦的各類培訓中心。因此,中國資訊科技人力資源是十分豐富的。

12.1.4　資訊科技系統的研究與開發

中國資訊科技系統的研究與開發始終是與應用結合在一起的。應用是研究與開發的動力與歸宿,應用為科研和開發提供了源源不絕的課題。

1.　軟科學方面的研究

中國資訊科技在軟科學方面的研究主要有如下內容:

(1)資訊系統的分類研究;

(2)資訊系統的基本結構及開發策略研究;

(3)資訊系統建造方法論研究；

(4)資訊系統開發規範的研究；

(5)資訊系統和人的行為的研究；

(6)資訊系統安全技術的研究；

(7)資訊系統生成工具的研究；

(8)資訊系統軟件生成工具的研究；

(9)資訊系統中網絡及辦公自動化的研究；

(10)資訊資源開發利用研究；

(11)資訊系統的標準化研究；

(12)城市資訊系統基本框架及發展戰略研究；

(13)資訊系統與裝備政策研究；

(14)資訊系統與人才培訓的研究；

(15)資訊服務業發展模式研究；

(16)企業信息系統的開發策略研究。

　　以上這些軟科學研究是十分重要的。這是因為資訊科技包含了社會科學和技術科學，軟科學的研究對資訊系統的發展方針、方向、策略和方法具有非常重要的意義。沒有軟科學成果的支持，資訊科技的發展必然是盲目的、低效益的。可惜目前中國對軟科學的研究還重視得不夠。

　　在具體的某些軟科學研究方面取得了一定的進展。以下介紹其中一些較為突出的項目。

(1) 關於中國資訊系統的分類研究

　　"中國資訊系統"是一個宏觀的概念，可用下式表達之：

$$NIS = \{A，B，C，D，E，\cdots\}$$

其中：

NIS——中國資訊系統

A ——中央直屬綜合資訊系統

B ——國家各部委資訊系統

C ——地區城市資訊系統

D ——企業資訊系統

E ——獨立部門資訊系統

中國資訊系統的分類體系有三種：

a. 按隸屬關係分類，如圖 12.2 所示。這種分類體系的優點是易被領導和用戶理解和接受，缺點是當機構發生變化時，分類體系也隨之變化。

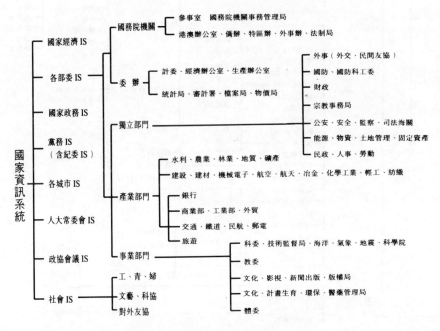

圖 12.2　資訊系統按隸屬關係分類

b. 按職能分類,如圖 12.3 是按職能分類的體系,其
   優點是不易受機構變化的影響,是一種較好的分類
   方法,但在中國實施起來難度較大。

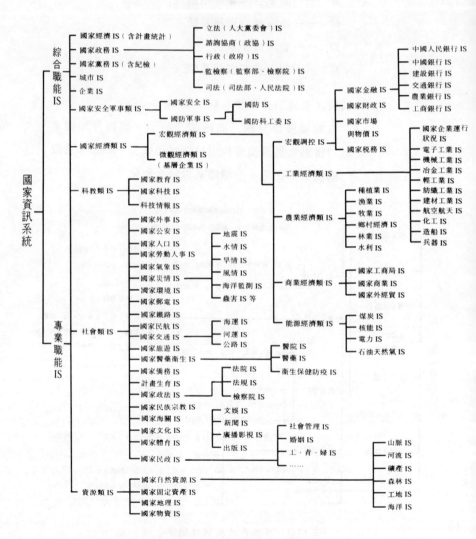

圖 12.3　按職能劃分資訊系統

c. 按技術特徵分類，如圖 12.4 是按技術特徵分類的體系，根據資訊系統的技術特徵將資訊系統分成基本功能資訊系統、電腦輔助功能資訊系統以及綜合資訊系統。

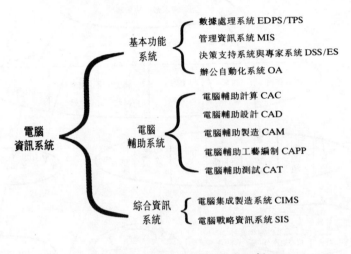

圖 12.4　按資訊技術特徵分類

(2) 關於中國資訊系統基本結構的研究

中國資訊系統的基本結構是層次網狀型的三維結構，基本形狀如圖 12.5 所示。研究資訊系統的基本結構及其內部的相互關係對指導中國資訊系統的建設是非常有意義的。

(3) 關於中國資訊系統評價的研究

根據現有中國國力，如何選擇優先開發的資訊系統，這是一個評價研究的課題。為此，我們首先確定評價指標體系，圖 12.6 是開發宏觀資訊系統的評價指標體系，該體系分 5 個層次。總指標是優先開發宏觀資訊系統的比較與評價，這是第 0 層。第 1 層有 3 個指標，即必要性、效益性及可行性。第 2 層共 8 個指標。第 3 層共 19 個指標。第 4 層共 36 個指標。

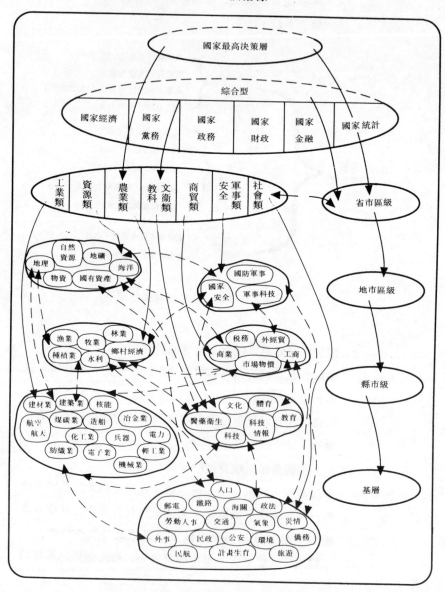

圖 12.5　中國資訊系統基本結構

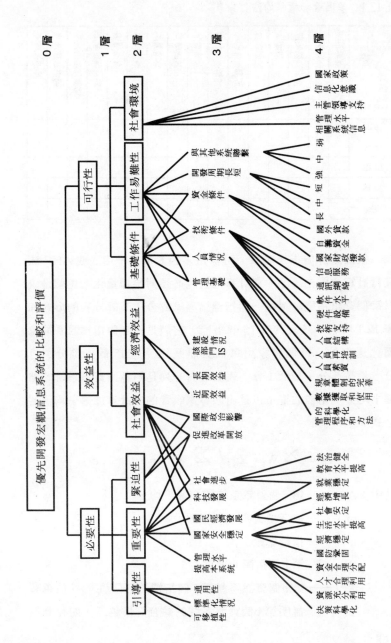

圖 12.6　優先開發宏觀資訊系統評價指標體系

表12.1 多因素加權平均法打分表

指標\資訊系統	經濟效益	國家安全穩定	國家經濟發展	社會進步	科技發展	促進改革開放	提高本系統管理水平	人員情況	社會環境	技術條件	資金因素	管理基礎	主管領導支持	原系統建設情況	開發難易程度	加權平均分
指標權重																
1# IS																
2# IS																
⋮																

根據該評價指標體系，可採用多因素加權平均法或 AHP 法進行計算和優先排序。在計算之前還必須對指標量化，也就是說對每個資訊系統針對每一個指標請專家評分，其評分表的形式如表 12.1 所示。該表共有 15 個指標，它們是從評價指標體系抽象簡化過來的。每個專家對每個資訊系統就這 15 個指標分別打分，最高 5 分，最低 1 分，表的最右一列是對各個資訊系統的加權平均分。指標的權重也是由該專家設置的。計算加權平均值的公式如下：

$$A_i = \sum_{j=1}^{n} W_j \cdot X_{i,j} \Big/ \sum_{j=1}^{n} W_j; \; i = 1, 2, \ldots, m$$

其中：A_i ——第 i 個資訊系統的加權平均分；

　　　m ——被評價資訊系統總數；

　　　n ——指標總數；

　　　W_j ——第 j 個指標的權重；

　　　$X_{i,j}$ ——第 i 個資訊系統第 j 個指標的評分值。A_i 值越高說明第 i 個資訊系統的綜合評價越高。如有 P 個專家，則得到 P 張評分表，還需進一步處理，以便得到 P 個專家的綜合平均分 ZAi，計算方法如下：

$$ZA_i = \sum_{k=i}^{P} ZW_k \cdot A_{k,i} \Big/ \sum_{k=1}^{P} ZW_k; i = 1, 2, ..., m$$

其中：ZA_i ——P 個專家對第 i 個資訊系統的綜合平均分，

$\quad\quad\quad$ i = 1, 2, $\cdots$，m：

$\quad$ ZW_k ——第 k 個專家的權重，k = 1, 2,$\cdots$，P：

$\quad$ $A_{k,i}$ ——第 k 個專家對第 i 個資訊系統的加權平均

$\quad\quad\quad$ 分，k = 1, 2,$\cdots$，P：i = 1, 2,$\cdots$，m。

多因素加權平均法是一種簡單、實用的評價方法。AHP 法較為複雜，它也是將定性因素量化，然後經數學處理後得到評價結果，讀者可參閱有關AHP 法的書籍。

(4) 關於中國資訊系統開發策略的研究

關於中國資訊系統開發策略的研究大致有如下幾方面：

a. 研究總體策略。中國是發展中國家，工業化正在進行之中，且很不平衡。西方的資訊化是在工業化基礎上進行的，中國是否也要步西方的後塵，先工業化後再資訊化？研究結果認為：中國必須在工業化的同時有步驟地資訊化。總體策略的第二部分是如何資訊化的問題，研究結果認為中國的資訊化必須走＂國產化＂道路，也就是說資訊化不可能依賴別人，必須主要依靠中國自己。

b. 投資策略。中國資訊化顯然缺乏資金，如何將有限的資金合理使用，使其產生最好的效益？研究結果表明對宏觀資訊系統、城市資訊系統、企業資訊系統各有一個合理投資的問題。

c. 應用策略。所謂應用策略是指如何推廣應用的問題，研究結果認為必須盡可能將資訊系統推向市場，沒有市場就不可能實現資訊社會化。同時強調，無論是甚麼規模的信息系統都要發展，對計算機的使用來説是大、中、小、微並重。

2. 在應用方面的研究

在資訊科技應用方面的研究主要有以下幾方面：

（1）漢字技術

對中國來説，資訊科技中漢字技術是一個非常突出的問題。近 10 年來，中國在漢字技術方面的研究取得了長足的進步，達到了國際領先的水平。

（2）資訊系統的結構研究

資訊系統的結構和組織的結構有非常密切的關係，不同性質、不同規模的組織結構其資訊系統的結構也有很大的不同。例如對於一個具有 1000 人的中等企業，可能採用各種各樣的資訊系統結構，可以是以微機組成的分佈式系統，採用 LAN 實現資訊共享；也可能採用中型機或小型機作為主機的集中式結構，各終端分時共享計算機資源；也可能是分級分佈式的資訊系統結構，即既有集中的主機，也有分散的微機，通過網絡實現資訊共享。上述三種資訊系統結構各有特點，很難説誰好誰壞的問題。實際上，確定系統結構的因素很多，除技術因素以外，還有企業本身的性質、規模、資金以及決策者的偏好、技術人員的水平等等因素，非常複雜，所以研究的難度也較大。

（3）數據組織與管理的研究

早期電腦用於管理大多採用文件系統，程序和數據有關，操作不便，數據冗長，一致性和可靠性差。自從關係數據庫尤其是微機上簡單實用的 dBase 和 Fox Base 數據庫問世以後，中國很快吸收並進行了漢化，使之廣泛用於各種管理。估計中國有 80% 以上的微機資訊系統採用 dBase 和 Fox Base 語言。隨着時間的推移，資訊系統的規模不斷擴大，數據的安全可靠性要求越來越高，dBase 和 Fox Base 便愈益感到不能滿足要求，尤其是採用小型機的資訊系統，dBase 和 Fox Base 就感到無能為力。於是採用甚麼樣的數據庫的研究又提到了系統開發者的面前。目前在中國數據庫的應用傾向於關係數據庫，其中 ORACLE 數據庫備受青睞，這主要是因為它適合於各種機型，性能較好，但 ORACLE 價格昂貴，加上其技術的複雜性，使用人員需要具有較高的水平，因此，目前它還不可能代替其他關係型數據庫。至於一些特有電腦廠家的專用數據庫，如 DEC 的 RdB，由於購買 DEC 的 VAX 機很多，許多用戶必須使用 RdB。

（4）電腦網絡的應用研究

中國在電腦網絡應用方面的研究始於八十年代初，已有許多微機網絡投入應用。早期中國使用的網絡有 K-net，DC-net，OMMINET 等，八十年代中以後 3 COM 公司的 3⁺ 網成為中國網絡市場的主流產品。八十年代末九十年代初 Novell 網崛起，大有替代 3⁺ 網之勢。對於一個具有全國職能的政府部門來說，光有局域網（LAN）就不夠了，還必須配合廣域網（WAN），各單位的局域網納入公用數據網,形成整個電腦網絡系統,其示意圖見圖 12.7 所示。

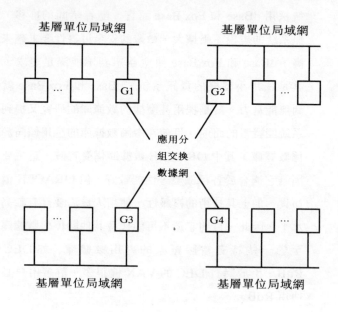

圖 12.7　中國應用的電腦網絡

12.2　中國資訊系統未來展望

中國資訊系統未來發展的總趨勢是速度將很快,但很不平衡,還將會付出較大的代價。這樣的估計並不是沒有根據的。中國資訊系統將有很大的發展是不言而喻的。中國政府和中國領導人非常重視資訊系統的作用，並通過各種方式支持資訊系統的建設。早在 1984 年，鄧小平為《經濟參考》創刊兩周年題詞時就寫道：" 開發信息資源，服務四化建設 "。1989 年江澤民在上海交通大學發表署名文章，指出 " 振興我國經濟，電子信息技術是一種有效的培增器，是現實能夠發揮作用最大、滲透性最強的新技術。要進一步把大力推廣應用電子信息技術提到戰略高度，充分發揮電子信息技術對經濟的培增作用。" 1985 年，李鵬在《人民日報》上發表署名文章，指出：" 電子和信息是一個新興產業，代表了新一代的技術和新一代的生產力，它的發展和振興必將對我國四個現代化的進程，振興我國經濟起到不可估量的作用。" 進入 90 年代，尤其是海灣戰爭以後，中國領導人更加重視電子信息技術的應用和發展。1991 年由國務院電子信息系統推廣應用辦公室主持，在上海召開亞太地區促進信息化研討會，美國、日本、香港等地區代表以及中國各省代表共數百人探討了亞太及中國地區促進信息化的問題。1992 年 5 月，經國務院批准，中國召開全國第二次資訊應用工作會議，大會總結了" 七五 "期間電子資訊系統應用的成就和經驗，研究和部署" 八五 "的發展計畫與工作會議。同時舉辦了全國電子資訊系統展覽會，還對 32 個優秀部委資訊系統、30 個優秀資訊系統組織者、35 個優良資訊系統、472 位先進工作者進行了隆重的表彰。在此之前，國務院電子信息系統推廣應用辦公室公開向新聞界發布推行" 培增計畫 "，這是繼" 火炬 "、" 星火 "計畫之後的又一個國家級科技發展應用計畫。

當然，由於中國的經濟文化發展的不平衡以及缺乏資金，中國資訊系統的發展也必然是很不平衡的，這種不平衡可能持續相當一段時間。中國資訊系統建設仍然缺乏經驗，尤其是缺乏高級的項目負責人和系統分析員，高級電腦人員也相當缺乏。同時對於建造資訊系統的理論指導以及實際經驗的交流還很少，直到目前還沒有一本全國性的資訊系統的刊物和報紙，因此，如不在這方面充分重視，很有可能還要付出相當的代價。

根據現有了解，我認為中國未來資訊科技的發展將在如下方面有所進展。

12.2.1 資訊系統建設方面

預計在未來的 5–10 年內中國資訊系統的建設將有如下重點：

1. 宏觀資訊系統

宏觀資訊系統建設方面將有如下重點：
   a. 加速中央各部委及各省市政府的辦公自動化資訊系統的建設，以提高管理和決策的水平：
   b. 加速能源、交通、鐵路、民航、氣象、災情、公安、人口等重大業務系統的建設，以提高社會資訊化水平：
   c. 加速科技情報系統、教育資訊系統的發展，以提高科技作為第一生產力的作用以及加快培養人才的作用。

2. 城市資訊系統方面的建設

城市資訊系統的建設不可能全面舖開，建設的重點首先是沿海開放城市及經濟發達地區的城市，然後在吸取這些城市資訊系統建設的經驗基礎上向內地中心城市輻射。

3. 企業資訊系統方面的建設

中國企業數量極大，也不可能全面進行資訊系統的建設，應首先集中在那些經濟效益好、有發展前途、影響國民經濟較大的重點企業或企業集團，如冶金、石油化工、精密機牀、汽車、飛機製造、化工等聯合企業。

4. 商貿資訊系統

為了發展中國市場，必須大力發展商貿企業的資訊系統，如全國各特大城市的大型百貨公司、商業集散中心，以及對外經濟貿易（尤其是電子數據情報的建設）。

5. 金融、保險、市場等流通領域的資訊系統建設

12.2.2 資訊科技的研究

毫無疑問，資訊科技的研究始終是和應用緊密結合在一起的。中國在資訊科技的研究方面是一個薄弱環節，過去在這方面的重視非常不夠，國家應在下述方面加強研究。

（1）中國資訊化的管理體制及宏觀調控的機制研究；

（2）中國資訊化的戰略戰術研究；

（3）中國資訊化的法律、法規的研究和制訂；

（4）資訊安全及資訊系統的審計研究；

（5）資訊系統的評價技術及信息經濟學的研究；

（6）資訊系統開發方法的研究；

（7）電腦網絡及開放系統互連的應用研究；

（8）人機介面技術及多媒體技術的研究；

（9）決策支持系統及專家系統的開發應用研究；

（10）辦公自動化系統的應用研究。

參考書目

① 侯炳輝，呂文超："關於我國信息系統發展道路和模式的探討"，《中國信息化進程》第 69 頁，國務院電子信息系統推廣應用辦公室主編，海洋出版社，1992 年 5 月，北京。

② 侯炳輝，曹慈惠，程佳惠："信息系統基本結構及開發策略，"《中國計算機用戶》，1992 年第 5 期，第 10 頁。

③ 國家體改委經濟管理研究所編著：《新方法新技術新途經——企業管理信息系統開發成功之路》，中國經濟出版社，1990 年 4 月，北京。

④ 李鋼主編：《跨越時空——中國電子信息系統應用典型集》，地震出版社，1992 年 5 月，北京。

⑤ 許慶瑞等編：《論高等管理工程教育》，華中理工大學出版社，1991 年 6 月，武漢。

⑥ 羅曉沛，侯炳輝主編：《系統分析員教程》，清華大學出版社，1992 年 3 月，北京。

資訊科技新論／姚力堅主編. - - 臺灣初版. - -
臺北市：臺灣商務，1995〔民84〕
面 ； 公分
ISBN 957-05-1072-2（平裝）

1.資訊科學 - 論文，講詞等

312.907   83010761

資訊科技新論

定價新臺幣 300 元

主 編 者　　姚 力 堅
　責任編輯　　江先聲　黎彩玉
發 行 人　　張 連 生
出 版 者
印 刷 所　　臺灣商務印書館股份有限公司
　　　　　　臺北市 10036 重慶南路 1 段 37 號
　　　　　　電話：（02）3116118・3115538
　　　　　　傳眞：（02）3710274
　　　　　　郵政劃撥：0000165-1 號
　　　　　　出版事業
　　　　　　登 記 證：局版臺業字第 0836 號

• 1994 年 6 月香港初版
• 1995 年 2 月臺灣初版第一次印刷
本書經商務印書館（香港）有限公司授權出版

ISBN　957-05-1072-2（平裝）　　　　b 30250000